常见植物拉丁学名释义

张风春　全占军　刘文慧　等编著

中国环境出版集团·北京

图书在版编目（CIP）数据

常见植物拉丁学名释义 / 张风春等编著 .—北京：中国环境出版集团，2019.5

ISBN 978-7-5111-3868-2

Ⅰ . ①常… Ⅱ . ①张… Ⅲ . ①植物学—拉丁语 Ⅳ . ① Q94

中国版本图书馆 CIP 数据核字（2018）第 298128 号

出 版 人 武德凯
策划编辑 王素娟
责任编辑 赵 艳
责任校对 任 丽
封面设计 宋 瑞

出版发行 中国环境出版集团（100062 北京市东城区广渠门内大街16号）
网 址：http://www.cesp.com.cn
电子邮箱：bjgl@cesp.com.cn
联系电话：010-67112765 编辑管理部
010-67122011 第四分社
发行热线：010-67125803 010-67113405（传真）
印 刷 北京中科印刷有限公司
经 销 各地新华书店
版 次 2019年5月第1版
印 次 2019年5月第1次印刷
开 本 787×1092 1/32
印 张 11
字 数 25千字
定 价 46.00元

《常见植物拉丁学名释义》
编　委　会

（按姓氏汉语拼音排序）

杜乐山　冯　瑾　纪文婧　刘海鸥
刘文慧　全占军　宋文娟　张风春

前　言

在日常工作中，经常遇到一些学习、使用植物拉丁学名和对植物拉丁学名感兴趣的同行或学生。提到植物的拉丁学名，总是有许多人抱怨难以记忆，或即使暂时记住了，很快又会忘记。因为在大多数人印象中，植物拉丁学名冗长且没有规律可循，记忆起来十分困难。如果能知道拉丁学名的来源与含义，包括植物的某种特征、与植物相关的趣闻趣事，通过联想记忆，就不容易忘记了。知道了这些拉丁词的含义，还可以提高学习植物拉丁学名的热情与兴趣。

为使植物拉丁学名使用者和爱好者快速地查阅到植物拉丁学名的含义，特编写了这本《常见植物拉丁学名释义》。本书选取了 1 200 种常见植物，分别对其属名、种加词（包括变种、变型和栽培变种等）的拉丁学名进行解释。当然，所谓“常见植物”，也是相对的，不同人因所处地域、工作性质和工作地点的不同，“常见植物”也不同。本书以作者在国内各地工作、旅行中经常见到的植物为主，也包括极少数国外的常见植物种。

有人指出很多植物拉丁学名，尤其是中国植物的拉丁学名很难在一些植物拉丁语词典中查到。这主要是因为目前的一些植物拉丁语词典多是关于“植物学”这门大学科的，而非只针对植物的拉丁学名，更非只针对中国植物的拉丁学名。

为增加可读性和趣味性，本书在释义过程中，尽可能多传递一些知识和趣事，以帮助学习者记忆。因此，有些拉丁文的释义较为详细，如对中国植物命名史影响较大的一些学名故事，包括 *Davidia*、*przewalskii*、*fortunei*、*Ginkgo*、*Sophora japonica* 等。本书中收录的多数植物都附以较为广泛使用的别名，以期读者能够从中获得更多的信息。

在释义过程中，有些拉丁学名由于缺少文献或者由于年代久远，其含义往往具有多种解释。在编著过程中，对这类情况，多数都保留了不同来源的解释，并将相对广泛接受的解释放在前面，其他的解释则用“另一说”，或者“还有另一说”等附后加以说明。

本书中植物的拉丁学名基本上以《中国植物志》（中文版）的拉丁学名为准，个别已经不再使用的植物学名则以《中国植物志》（英文版）或国外文献中的为准。

众所周知，中文植物名称中有很多生僻字。本书对一些生僻字做了注音，以便读者使用。

本书在涉及不同种属的同一拉丁名时，采用了重复解释，一来为了加快查阅速度，不需要按书中的指示做二次或三次查找，二来为了尽可能保持原拉丁学名的完整性。对收录有两个或两个以上种的属名，第一个做释义，后面的则用“同前”代替。

为了便于使用者快速查找，本书后附种加词（包括变种、变型和栽培变种）拉丁文的索引，属名则可按英文字母顺序在正文中直接查找。

由于作者水平和所掌握资源的限制，在释义中存在不当或谬误之处在所难免，敬请广大读者指出，以期与广大读者共同提高本书的质量。

作 者

2018 年 11 月 12 日于北京

目　录

常见植物拉丁学名释义

A

1. ***Abelia biflora*** **忍冬科　六道木属　六道木（六条木）**
Abelia 英国医生 Clarke Abel（1780—1826）。
biflora 具成对花的。bi-，二；flora，花。指本种的花多成对生长。

2. ***Abelmoschus esculentus*** **锦葵科　秋葵属　咖啡黄葵（越南芝麻、羊角豆）**
Abelmoschus 源于阿拉伯语的 abu-l-mosk，意为“麝香之父”。指种子具有麝香的味道。
esculentus 可食的、可吃的。

3. ***Abelmoschus moschatus*** **锦葵科　秋葵属　黄葵（山油麻、野油麻）**
Abelmoschus 同前。
moschatus 拉丁语 moschātus，意为麝香 musk。指种子具有浓郁的麝香味道。

4. ***Abies holophylla*** **松科　冷杉属　杉松（沙松、白松、辽东冷杉、针枞）**
Abies 源于拉丁语的 abeo，意为“起来、离开”。指树木高大，分枝远离地面。
holophylla 全缘叶的。holo-，完整的；phylla，叶。

5. ***Abrus precatorius*** **豆科　相思子属　相思子（相思豆、红豆、相思藤、猴子眼、鸡母珠）**
Abrus 新拉丁语，源于古希腊语的 habrós，意为“优美的、优雅的、雅致的、美好的、飘逸的、微妙的、纤弱的、易损的”。
precatorius 串珠状的、祷告的、虔诚的。指本种的种子可用来做佛珠。

6. ***Abutilon striatum*** **锦葵科　苘 [qǐng] 麻属　金铃花（灯笼花、网花苘麻、红脉苘麻）**
Abutilon 该植物的阿拉伯语名字。18 世纪后成为一个新的拉丁语词，该词来自阿拉伯语 abū-ṭīlūn。这个属

A

名最早来自伊斯兰黄金时代的著名思想家、作家、中亚哲学家、自然科学家、医学家阿维森纳 [Avicenna，980—1037，亦称伊本·西纳（Ibn Sina）]。阿维森纳本是塔吉克人，他的著作多达 200 多部，最著名的有《哲学、科学大全》，在当时是高水平的百科全书。他的另一部巨著是《医典》，直到 17 世纪西方国家还视其为医学经典，至今仍有参考价值。

striatum 具条纹的。指本种茎秆呈显著绿色，并具微弱或隐约的纵条纹。

7. ***Abutilon theophrasti* 锦葵科　苘麻属　苘麻（椿麻、塘麻、孔麻、磨盘草、车轮草）**

Abutilon 同前。

theophrasti 古希腊哲学家、自然学家、植物学家泰奥弗拉斯托斯（Theophrastus，约公元前 372—约公元前 287）。

8. ***Acacia auriculiformis* 豆科　金合欢属　大叶相思（耳叶相思）**

Acacia 源于希腊语（另一说，源于罗马语）的 akazo，意为“尖锐的”。原指种子有刺。

auriculiformis 像耳朵的。auriculi-，耳形的；formis，形状。

9. ***Acacia confusa* 豆科　金合欢属　台湾相思（相思树、台湾柳、相思仔）**

Acacia 同前。

confusa 混淆的、不清楚的、不清晰的、模糊的。

10. ***Acalypha australis* 大戟科　铁苋菜属　铁苋菜（海蚌含珠、蚌壳草）**

Acalypha 源于希腊语的 akalephes，意为“荨麻（nettle）”。由于该属植物的叶像荨麻的叶，因此得名。该种的英语名字为 copperleaf，意为“铜叶”，指其叶为古铜色。

australis 拉丁语，意为“南方的、在南方的”。欧洲人

曾以自己为世界的中心，东西南北等方位也以欧洲为中心算起。澳大利亚最早的名字来源就是因为它在欧洲的南面，因此得名 Australia。

11. ***Acanthopanax senticosus*** **五加科　五加属　刺五加（坎拐棒子、一百针、老虎潦）**

Acanthopanax 源于希腊语的 akantha，意为“针、刺”；*Panax*，人参属。因此 *Acanthopanax* 意为“具刺的人参”。指本属植物多具刺。

senticosus 多刺的。指本种一、二年生枝通常密生直而细长、针状下向的刺。

12. ***Acer buergerianum*** **槭树科　槭属　三角槭（三角枫）**

Acer 拉丁语 acer，原是一种槭树的名字。另一说：拉丁语 acer，意为“尖锐的”，指本属植物的叶有角。

buergerianum 出生于德国的医生、生物学家和植物学家 Heinrich Bürge（或 Heinrich Burger）（1804—1858），后为荷兰政府雇用。

13. ***Acer mono*** **槭树科　槭属　色木槭（水色树、地锦槭、五角枫、五角槭）**

Acer 同前。

mono 单一的、单个的、单独的。

14. ***Acer negundo*** **槭树科　槭属　梣叶槭（复叶槭、美国槭、白蜡槭、糖槭）**

Acer 同前。

negundo 原为马来亚 [英属马来亚（Malaya），即现今马来西亚半岛] 一种植物的土名，现指叶似梣叶槭的一种槭树。

15. ***Acer palmatum*** **槭树科　槭属　鸡爪槭（鸡爪枫、槭树）**

Acer 同前。

palmatum 掌状的。指本种的叶片掌状裂。

16. ***Acer tonkinense*** **槭树科　槭属　粗柄槭（东京槭）**

Acer 同前。

tonkinense 越南东京的，即今越南首都河内（英语 Tonkin，越南语 Đông Kinh）。

17. ***Acer truncatum* 槭树科 槭属 元宝槭（元宝树、平基槭、五脚树、槭）**

Acer 同前。

truncatum 截形的、缩短的。指本种叶基为截形。

18. ***Achillea millefolium* 菊科 蓍 [shī] 属 蓍（欧蓍、千叶蓍、锯草）**

Achillea 指希腊神话人物阿喀琉斯（Achilles）。传说，阿喀琉斯的战士用蓍草治疗创伤，他们遂以阿喀琉斯命名此草。蓍的一些英文名字也多与治疗有关，如该属植物的英文名字 allheal 和 bloodwort 等，都与治疗有关。

millefolium 具很多叶子的。mille-，多的、千；folium，叶。

19. ***Achnatherum inebrians* 禾本科 芨芨草属 醉马草（马绊肠、断肠草、勺草）**

Achnatherum 希腊语，由鳞片和钩状毛两个词组成。指该属植物具外稃有芒的针茅。

inebrians 醉人的、令人陶醉的、使兴奋的（指酒类）、蒸馏的（非发酵的）。指该植物被动物误食可致中毒，中毒后的动物状如醉酒。

20. ***Achnatherum splendens* 禾本科 芨芨草属 芨芨草（积机草、席萁草、棘棘草）**

Achnatherum 同前。

splendens 华丽的、美观的、豪华的、极好的、令人满意的、闪亮的、为众人所推崇的。指植物漂亮美丽的外形。

21. ***Aconitum barbatum* var. *puberulum* 毛茛科 乌头属 牛扁**

Aconitum 希腊语，可能指古希腊的飞镖或标枪等枪头

A

的涂抹物，暗指希腊人涂抹枪尖所用的有毒物质可能源于乌头。乌头被认为能在岩石地表生长，希腊名字是 lycotonum，意为“狼的噩梦”，意指用这种植物的汁液涂抹箭头或拌饵料可用来猎杀狼。

barbatum 有髯毛的。

puberulum 有细密软毛的、被软绒毛的。

22. ***Aconitum carmichaelii* 毛茛科　乌头属　乌头（草乌、乌药、盐乌头、鹅儿花、铁花、五毒）**

Aconitum 同前。

carmichaelii 指苏格兰军官和植物学家 Dugald Carmichael（1772—1827）。曾研究过新西兰的植物。

23. ***Actaea asiatica* 毛茛科　类叶升麻属　类叶升麻**

Actaea 希腊神话中指海岸。可能指该属植物多生于河边湿地或阴湿处。

asiatica 亚洲的。

24. ***Actaea pachypoda* 毛茛科　类叶升麻属　白类叶升麻**

Actaea 同前。

pachypoda 粗茎的。pachy-，粗的、厚的、肥大的；poda，足、腿、茎。

25. ***Actinidia chinensis* 猕猴桃科　猕猴桃属　中华猕猴桃（阳桃、羊桃、羊桃藤、藤梨、猕猴桃）**

Actinidia 源于希腊语的 aktis，意为“光线”; idia，小的。指本属植物的花柱为放射状，如光线四射。

chinensis 产自中国的。

26. ***Adenium obesum* 夹竹桃科　天宝花属　天宝花（沙漠玫瑰）**

Adenium 名字来源于阿拉伯半岛的亚丁（Aden）。这里干燥酷热，但夏季却有倾盆大雨，很适宜这类植物生长发育。该属于 1819 年被首次描述。

obesum 肥胖的、丰满的、结实的。指本种的茎干粗大

肥壮（用于储水）。

27. ***Adonis amurensis* 毛茛科　侧金盏花属　侧金盏花（冰凉花、顶冰花、福寿草）**

Adonis 希腊神话中的一个核心人物阿多尼斯（Adonis）。希腊神话和罗马神话中的阿多尼斯是希腊神话中的爱与美的女神阿佛洛狄忒（Aphrodite）或罗马神话中的爱神维纳斯所爱恋的少年，植物之神。阿多尼斯是王室美男子，身高九尺（据估计应在 190 cm 以上），如花一般俊美精致的五官，令世间所有人与物在他面前都为之失色，维纳斯都倾心不已。他是一个每年死而复生，永远年轻、容颜不老的植物之神，也是一个受女性崇拜的神。现代阿多尼斯这个词常被用来描写一个异常美丽、有吸引力的年轻男子。阿多尼斯是西方“美男子”的最早出处，类似于中国古代历史上的潘安、宋玉等美男子。

amurensis 阿穆尔河（即黑龙江）流域的。指本种的产地。

28. ***Adoxa moschatellina* 五福花科　五福花属　五福花**

Adoxa 不壮丽的、不壮观的。指其花小而呈绿色。

moschatellina 有麝香气味的。指植物本身和花能在夜晚降露的时候散发出麝香味。植物一旦受伤，香味就会消失。

29. ***Aegiceras corniculatum* 紫金牛科　蜡烛果属　蜡烛果（黑枝、黑榄、浪柴、红蒴、黑脚梗、桐花树、水蒌）**

Aegiceras 山羊角。源于拉丁语的 aigos（goat），意为“山羊”；keras（horn），意为“角”。指该属植物的果实形状似山羊角。

corniculatum 具小角的、小角形的。源于 cornu，意为“小角”。指果实的形状似动物的角。

30. ***Aesculus chinensis* 七叶树科　七叶树属　七叶树（梭**

椤树、梭椤子、天师栗、开心果、猴板栗）

Aesculus 源于拉丁语的aesculus，原为一种橡树的名字。

chinensis 中国的。

31. ***Aesculus hippocastanum* 七叶树科　七叶树属　欧洲七叶树（马栗）**

Aesculus 同前。

hippocastanum 马栗的。hippo-，马；castanum，栗的、栗子的。

32. ***Agastache rugosa* 唇形科　藿香属　藿香（合香、苍告、山茴香、山灰香、红花小茴香、家茴香、香薷、香荆芥花、把蒿、猫巴蒿、猫巴虎、猫尾巴香、山猫巴、仁丹草、野苏子、拉拉香、八蒿、白荷、薄荷、土藿香、大叶薄荷、山薄荷、野薄荷、野藿香、小薄荷、鱼子苏、杏仁花、叶藿香、苏藿香、大薄荷、鸡苏、白薄荷、鱼香、紫苏草、水蔴叶、青茎薄荷、排香草、兜娄婆香）**

Agastache 希腊语，意为"具很多穗的"。该属于1762年由Jan Frederik Gronovius（1690—1762）在他的极富争议的*Flora Virginica*第二版中发表。

rugosa 具皱纹的、叶面皱的、有刺的。指该种叶面网脉下凹。

33. ***Agave americana* 石蒜科　龙舌兰属　龙舌兰（龙舌掌、番麻）**

Agave 源于古希腊语的Agauḗ，意为"龙舌兰"，或者agauós，意为"高贵的、显赫的、辉煌的、著名的、杰出的、卓越的"。

americana 美洲的。

34. ***Ageratum conyzoides* 菊科　藿香蓟属　藿香蓟（胜红蓟）**

Ageratum 长生不老的、永远年轻的。由希腊语的"不"

和“老”两个词组成。指该植物具有较长的花期并长时间保持其花色。

conyzoides 像白酒草的。*Conyza*，菊科白酒草属；oides，像……的。

35. ***Aglaonema modestum* 天南星科　广东万年青属　广东万年青（大叶万年青）**

Aglaonema 希腊语，意为“闪亮的雄蕊”。

modestum 适度的。

36. ***Agriophyllum squarrosum* 藜科　沙蓬属　沙蓬（吉刺儿、沙米、蒺藜梗）**

Agriophyllum 源于希腊语的 agrios，意为“野生的、野外的”；phyllon/phyllum，意为“叶”。指该属植物多生于田野。

squarrosum 具鳞片的、多鳞片的、具有糙鳞的、糠秕状的、有头皮屑的、在先端延伸或弯曲的。指本种全株密被硬化鳞片，手感粗糙。

37. ***Agropyron cristatum* 禾本科　冰草属　冰草（野麦子、扁穗冰草、羽状小麦草）**

Agropyron 田野间的小麦。源于希腊语的 agros，意为“田野的、田间的”；pyron 由 puros 演化而来，意为“小麦”。指该种外部形态似小麦。

cristatum 有冠的。

38. ***Ailanthus altissima* 苦木科　臭椿属　臭椿（臭椿皮、大果臭椿）**

Ailanthus 来自马六甲语的 ailanto，意为“上帝之树、天树、神圣的树”。

altissima 极高的、最高的。

39. ***Akebia trifoliata* 木通科　木通属　三叶木通（八月瓜藤、三叶拿藤、活血藤、甜果木通、八月楂、拿藤、爆肚拿、八月瓜）**

Akebia 来自日语的akebi，为一种攀援藤本植物的名称。

trifoliata 三叶的。tri-，三；foliata，叶。

40. ***Alangium chinense* 八角枫科　八角枫属　八角枫（华瓜木、蓲[ōu]木、白龙须、木八角、橙木）**

Alangium 是该属一些植物的印度马拉巴尔土名（尤指 *Alangium salviifolium*）。Alangium是一个拉丁化的词，来自印度马拉雅拉姆语（印度西南部Dravidian语的一种方言）Alangi，该属由Jean-Baptiste Lamarck（1744—1829）于1783年在他的 *Encyclopédie Méthodique* 中发表。

chinense 中国的。

41. ***Albizia julibrissin* 豆科　合欢属　合欢（绒花树、马缨花）**

Albizia 意大利贵族Filippo degli Albizzi。他在18世纪中叶将合欢引种到欧洲。

julibrissin 丝状花的。是波斯语gul-i abrisham一词的变体，意为"丝（状）花"。gul，意为"花"；abrisham，意为"丝"。

42. ***Alchemilla vulgaris* 蔷薇科　羽衣草属　欧洲羽衣草**

Alchemilla 源于阿拉伯语的Alkemelych，意为"炼金术、炼丹术、魔力、神秘变化"。根据古代的一些著述，该植物具有创造奇迹的魔力。它的魔力在于，植物的叶可收集露珠，并通过叶上的凹槽汇集，最后集中到由与叶连结的托叶形成的小"杯"中，被小杯子收集起来的露珠是很多"神药"的组成部分。

vulgaris 普通的、常见的。

43. ***Alchornea trewioides* 大戟科　山麻杆属　红背山麻杆（红背叶）**

Alchornea 英国古物研究与收藏者、植物学家和植物采集人Stanesby Alchorne（1727—1800），曾任切尔

西药用植物园首席园艺家。

trewioides 像大戟科滑桃树属的。*Trewia*，滑桃树属；oides，像……的。

44. **Alhagi sparsifolia 豆科 骆驼刺属 骆驼刺（骆驼草）**

Alhagi 骆驼刺的阿拉伯语名字。

sparsifolia 散生叶的。sparsi-，稀疏的、散的；folia，叶。

45. **Alisma plantago-aquatica 泽泻科 泽泻属 泽泻**

Alisma 公元1世纪希腊的医生和植物学家佩达纽斯·迪奥斯科里季斯（Dioscorides）所用的名字，原指一种长着像车前草叶的水生植物。

plantago-aquatica 水生的车前。

Plantago，车前属；aquatica，水生的。

46. **Allemanda neriifolia 夹竹桃科 黄蝉属 黄蝉（黄兰蝉）**

Allemanda 瑞士植物学家和医生Frédéric-Louis Allamand（1735—1803）。

neriifolia 像夹竹桃叶的。*Nerium*，夹竹桃属。指该种的叶脉极显著，像夹竹桃叶。

47. **Allamanda blanchetii 夹竹桃科 黄蝉属 大紫蝉**

Allamanda 同上。

Blanchetii 瑞士商人、领事（执政官）、植物学家和自然学家Jacques Samuel Blanchet（1807—1875）。

48. **Allium mongolicum 百合科 葱属 蒙古韭（沙葱）**

Allium 拉丁语，大蒜的意思。林奈（1707—1778）于1753年首次描述。另一说是希腊语，意为“避免大蒜的味道”。

mongolicum 产于蒙古的。

49. **Allium porrum 百合科 葱属 韭葱（扁葱）**

Allium 同前。

porrum 来自原始印欧语（据说为所有印欧语言之源

A

头），而该词又可能是借自其他语种，意为“葱、韭”。

50. ***Alnus cremastogyne* 桦木科　桤木属　桤[qī]木（水冬瓜树、水青风、桤蒿）**

Alnus 近岸的。拉丁语，来自凯尔特语。al，近；lan，岸边。拉丁语和古日耳曼语中的词都来自原始印欧语词根 el-，意为“红色或褐色”（也是英语 elk 和 elm 的词根），与桤木 alders 有着较远的联系。

cremastogyne 悬浮的子房。源于古希腊语的 kremastós，意为“悬或悬浮的”；gunḗ，意为“雌性、卵巢或子房”。

51. ***Alocasia macrorrhiza* 天南星科　海芋属　海芋（羞天草、隔河仙、天荷、滴水芋、野芋、黑附子、麻芋头、野芋头、麻哈拉、大黑附子、天合芋、大麻芋、天蒙、朴芋头、大虫楼、大虫芋、老虎芋、卜茹根、痕芋头、广东狼毒、野山芋、尖尾野芋头、狼毒、姑婆芋）。**

Alocasia 源于古希腊语的 kolokasion。公元 1 世纪希腊的医生和植物学家佩达纽斯·迪奥斯科里季斯（Dioscorides）用 kolokasion 原指的是芋（*Colocasia esculenta*）与莲（*Nelumbo nucifera*）两种植物可食用的根。

macrorrhiza 大根的。macro-，大的；rrhiza，根。

52. ***Aloe vera* var. *chinensis* 百合科　芦荟属　芦荟（油葱）**

Aloe 来自闪语的 alloeh，意为“具有治疗功能的浓缩汁”。

vera 真的。

chinensis 中国的。

53. ***Alopecurus aequalis* 禾本科　看麦娘属　看麦娘（山高粱）**

Alopecurus 希腊语 alopex，意为“狐狸”；oura，意为“尾巴”。指该属某些植物毛茸茸的花聚集成穗，似狐狸尾巴的样子。

aequalis 相同的、一致的、像的。

54. ***Alpinia zerumbet* 姜科　山姜属　艳山姜（彩叶姜、斑纹月桃）**

Alpinia 拉丁语，高山的、寒带的。另一说：意大利东北部城市帕多瓦一个植物园的植物学家、教授 Prospero Alpino（1553—1616）。

zerumbet 来自阿拉伯语，指该植物具芳香的根。可能由 11 世纪的医生和学者 Serapion 首次使用。

55. ***Alsophila spinulosa* 桫椤科　桫椤属　桫椤（刺桫椤）**

Alsophila 喜欢小树林的。指本属植物多生于林中。

spinulosa 多小刺的。

56. ***Alstonia scholaris* 夹竹桃科　鸡骨常山属　糖胶树（象皮树、灯架树、黑板树、乳木、魔神树、鹰爪木、象皮木、九度叶、英台木、金瓜南木皮、面架木、肥猪叶、吃力秀、阿根木、鸭脚木、理肺散、大树理肺散、大矮陀陀、大树矮陀陀、大枯树、面条树）**

Alstonia 爱丁堡植物学教授 Charles Alston（1685—1760）。Alston 曾于 1716—1760 年在爱丁堡。Robert Brown 于 1811 年命名。

scholaris 学校的。可能指本种木材是制作黑板的理想材料。本种木材的材质松软细致，是制作黑板的好材料。

57. ***Alternanthera bettzickiana* 苋科　莲子草属　锦绣苋（五色草、红草、红节节草、红莲子草）**

Alternanthera 具交互花的。altern=alternate 或 alternative，意为“交互的”；希腊语 anthos，意为“花”。

bettzickiana 德国园艺学家 August Bettzick（1814—1865）。

58. ***Alternanthera philoxeroides* 苋科　莲子草属　喜旱莲子草（空心苋、水蕹 [wèng] 菜、革命草、水花生）**

Alternanthera 同前。

philoxeroides 像安旱苋的。*Philoxerus*，安旱苋属；

oides，像……的。

59. ***Althaea rosea* 锦葵科　蜀葵属　蜀葵（淑气、蜀季、舌其、暑气、蜀芪、树茄、一丈红、麻杆花、棋盘花、栽秧花、斗蓬花）**

Althaea 希腊神话人物阿尔泰亚（Althea），卡吕冬王国的王妃。

rosea 玫瑰色的、玫瑰红色的。指植物的花色。

60. ***Amaranthus lividus* 苋科　苋属　凹头苋（野苋）**

Amaranthus 不凋谢的花。希腊语 amárantos，意为“不凋谢的”；ánthos，“花”。该属很多植物都被统称为 amaranth。

lividus 淡蓝色的、乌青色的。

61. ***Amaranthus retroflexus* 苋科　苋属　反枝苋（西风谷）**

Amaranthus 同前。

retroflexus 向后弯的、下弯的、反折的。

62. ***Amaranthus spinosus* 苋科　苋属　刺苋（竻 [lè] 苋菜、勒苋菜）**

Amaranthus 同前。

spinosus 具刺的、多刺的、全身长刺的。

63. ***Ambrosia artemisiifolia* 菊科　豚草属　豚草（豕草）**

Ambrosia 美味的、龙诞香味的。

artemisiifolia 像蒿叶的。*Artemisia*，蒿属；folia，叶。

64. ***Ambrosia trifida* 菊科　豚草属　三裂叶豚草（豚草）**

Ambrosia 同前。

trifida 三浅裂的。tri-，三；fida，裂。

65. ***Ammopiptanthus mongolicus* 豆科　沙冬青属　沙冬青（蒙古沙冬青、蒙古黄花木）**

Ammopiptanthus 早落花的沙生植物。ammo-，沙生的；piptanthus，早落花的。

mongolicus 蒙古的。

66. ***Amomum kwangsiense*** **姜科　豆蔻属　广西豆蔻（砂仁、土草果）**

Amomum 古代的作家常用 amomum 指各种具有浓郁气味的植物，但指的到底是哪些植物如今已无从考证了。另一说：amomum 来源于拉丁文的 amomum，是一个拉丁化了的希腊语词 amomon，本指一种印度的调料植物。广西豆蔻由 Edmund Roberts 于 1834 年到中国时发现，这种植物被用作烹饪中的调料，多用于"甜味菜蔬"。

kwangsiense 广西的。

67. ***Amoora tetrapetala*** **楝科　崖摩属　四瓣崖摩**

Amoora 是孟加拉语该属植物的俗名 Amúr。

tetrapetala 四瓣花的。tetra-，四；petala，花瓣。

68. ***Amorpha fruticosa*** **豆科　紫穗槐属　紫穗槐（椒条、棉条、棉槐、紫槐、槐树）**

Amorpha 希腊语 amorphos，意为"畸形的、不全的"。指该属植物的花冠退化为单瓣，对正常的蝶形花而言为"畸形的、不全的"。

fruticosa 成灌木的、灌木的。

69. ***Amygdalus mongolica*** **蔷薇科　桃属　蒙古扁桃（山樱桃）**

Amygdalus 希腊语 amygdalos，意为"扁桃"。

mongolica 蒙古的。

70. ***Amygdalus persica*** **蔷薇科　桃属　桃**

Amygdalus 同前。

persica 波斯的（现伊朗的）。

71. ***Amygdalus persica*** **var.** ***persica*** **f.** ***duplex*** **蔷薇科　桃属　碧桃（千叶桃花）**

Amygdalus 同前。

persica 同前。

A

duplex 双的、重复的。

72. ***Amygdalus triloba* 蔷薇科　桃属　榆叶梅（榆梅、小桃红、榆叶鸾枝）**

Amygdalus 同前。

triloba 三裂的。tri-，三；loba，裂。

73. ***Anacardium occidentale* 漆树科　腰果属　腰果（鸡腰果、槚 [jiǎ] 如树）**

Anacardium 源于希腊语，ana-，意为“向上的、在上面”; -cardium，意为“心”。该希腊词原本指的是坚果、果核或果仁，这里意为“位于外部的”，指果基部为肉质梨形或陀螺形的假果所托，种子肾形在假果上部。

occidentale 西方的。

74. ***Andrographis paniculata* 爵床科　穿心莲属　穿心莲（一见喜、印度草、榄核莲）**

Andrographis 希腊语 andro，意为“雄性的”; gnathos，意为“假牙、牙托”。

paniculata 圆锥花序的、下垂的。

75. ***Androsace umbellata* 报春花科　点地梅属　点地梅(喉咙草、佛顶珠、白花草、清明花、天星花）**

Androsace 源于两个希腊语，意为“一个人和一个小圆盾”。指本属中大苞点地梅（*Androsace maxima*）大而具洞的叶很像古代的盾。

umbellata 伞形花序的。指本种为伞形花序。

76. ***Anemarrhena asphodeloides* 百合科　知母属　知母（兔子油草、穿地龙）**

Anemarrhena 雄性外露的。指该属植物的雄蕊暴露在外。

asphodeloides 像金穗花的。*Asphodelus*，金穗花属；-oides，像……的。

77. ***Anemone cathayensis* 毛茛科　银莲花属　银莲花**

Anemone 古希腊哲学家、自然科学家泰奥弗拉斯托斯

（Theophrastus，约公元前 372—约前 287）所用的名字。Anemone 很可能是 Naaman 的一个变体，植物神阿多尼斯（Adonis）的一个闪语（古代美索不达米亚语言的一个支系）名字。相传阿多尼斯喷涌的鲜血使该属植物的花变成深红色（本属植物有的种为蓝紫色花）。

cathayensis 中国的。Cathay 是契丹（中国北部一个古民族名）的，中国古代北方民族名。外国人在对中国知之不多的情况下，往往用契丹一词代表中国。

78. ***Angelica dahurica* 伞形科　当归属　白芷（兴安白芷、河北独活、大活、香大活、走马芹、走马芹筒子、狼山芹）**

Angelica 新拉丁语，指植物所具有的神奇医疗特征。

dahurica 地名。位于西伯利亚东南部和蒙古东北部。

79. ***Angelica archangelica* 伞形科　当归属　欧白芷**

Angelica 同前。

archangelica 源于希腊语的 arkhangelos，意为“天使长”（arch-angel）。据说是天使长 Michael 告诉了人们这种植物的医药用途。

80. ***Angelica sinensis* 伞形科　当归属　当归（秦归、云归）**

Angelica 同前。

sinensis 中国的。

81. ***Annona squamosa* 番荔枝科　番荔枝属　番荔枝（释迦果、林檎 [qín]、唛 [mài] 螺陀、洋波罗）**

Annona 该植物的一个海地（Hispaniolan）泰诺（Taíno）名字（泰诺人隶属阿拉瓦克人 Arawak，是加勒比地区主要原住民之一），anón 是该植物果实的名字。古民族植物学溯源研究结果认为，在墨西哥的尧特佩克河地区，Annona 的开发和栽培从公元前 1000 年左右就已开始。

squamosa 多鳞片的。

82. ***Anthurium andraeanum*** **天南星科　花烛属　红掌（红鹅掌、火鹤花、安祖花）**

Anthurium 希腊语 anthos，意为“花”，oura，意为“尾巴”。指肉穗花序（佛焰花序）具像尾巴的穗（spike）。

andraeanum 法国植物学家和园艺方面的编辑 Edouard F. Andre（1840—1911）。

83. ***Antiaris toxicaria*** **桑科　见血封喉属　见血封喉（箭毒木）**

Antiaris 爪哇语该属植物的名字 ancar。是荷兰殖民时期的拼写，现已废弃。

toxicaria 具毒质的、有毒的。

84. ***Apium graveolens*** **伞形科　芹属　旱芹（药芹、芹菜）**

Apium 拉丁语，西芹、芹菜。

graveolens 有强烈味道的。

85. ***Aquilaria sinensis*** **瑞香科　沉香属　土沉香（香材、白木香、牙香树、女儿香、栈香、青桂香、崖香、芫香、沉香）**

Aquilaria 本属的葡萄牙语名字 paod'aguila，源于本属植物的印度名字 aguru 或 agalu。

sinensis 中国的。

86. ***Aquilegia viridiflora*** **毛茛科　耧斗菜属　耧斗菜（猫爪花）**

Aquilegia 鹰爪形的。来源于拉丁语“鹰”（aquila），指其花瓣组合成鹰爪的形状。Aquila 是天鹰座。

viridiflora 绿花的，指本种的萼片为黄绿色。

87. ***Arabidopsis thaliana*** **十字花科　鼠耳芥属　鼠耳芥（拟南芥菜）**

Arabidopsis 像南芥属的。Arabis，南芥属；-opsis，像……的。

thaliana 德国医生和植物学家 Johannes Thal（1542—

1583）。曾任诺德豪森药店植物园主任。

88. ***Arachis hypogaea*** **豆科　落花生属　落花生（花生、地豆、番豆、长生果）**

Arachis 花生的希腊语名字。

hypogaea 地下生的。指本种花柱细长，胚珠受精后子房柄逐渐延长，下弯成一坚强的柄，将尚未膨大的子房插入土下，并于地下发育成熟的特征。

89. ***Aralia chinensis*** **五加科　楤 [sǒng] 木属　楤木（鹊不踏、虎阳刺、海桐皮、鸟不宿、通刺、黄龙苞、刺龙柏、刺树椿、飞天蜈蚣）**

Aralia 来源未知。可能来自法裔加拿大人的名字 Aralie 或 Aralia。也可能指的是一种植物——常春藤。

chinensis 中国的。

90. ***Araucaria cunninghamii*** **南洋杉科　南洋杉属　南洋杉（澳洲杉、鳞叶南洋杉、塔形南洋杉）**

Araucaria 智利语中这类树的名字 araucanos。智利的 Arauco 是该属模式种的产地。

cunninghamii 供职于东印度公司的苏格兰外科医生 *James Cunningham*（?—1709）。杉木的发现人。*Cunningham* 曾在中国采集过植物标本。

91. ***Araucaria heterophylla*** **南洋杉科　南洋杉属　异叶南洋杉（诺和克南洋杉）**

Araucaria 同前。

heterophylla 异形叶的。hetero-，异形的；phylla，叶的。

92. ***Ardisia crenata*** **紫金牛科　紫金牛属　硃砂根 [朱砂根、凉伞遮金珠、平地木、石青子、珍珠伞、凤凰翔（腸）、大罗伞、郎伞树、龙山子、山豆根、八爪金龙、豹子眼睛果、万龙、万雨金]**

Ardisia 希腊语，意为“有尖的花药”。

crenata 圆齿的。

A

93. ***Areca catechu* 棕榈科　槟榔属　槟榔（槟榔子、大腹子、宾门、橄榄子、青仔）**

Areca 该属植物的马来亚土名。另一说：Areca 是印度西南海岸地区马拉巴尔海岸槟榔的当地名字。

catechu 马来亚语 kachu，儿茶酚，是从该植物中提取的汁。

94. ***Areca triandra* 棕榈科　槟榔属　三药槟榔（三雄蕊槟榔）**

Areca 同前。

triandra 具三花药或三雄蕊的。tri-，三；andra，花、花药。

95. ***Avicennia marina* 马鞭草科　海榄雌属　海榄雌（白骨壤、咸水矮让木）**

Avicennia 波斯博学家 Avicenna（980—1037）。Avicenna 是一个拉丁化的词。

marina 海边生的。

96. ***Arisaema heterophyllum* 天南星科　天南星属　天南星（南星、半边莲、狗爪半夏、虎掌半夏、麻芋子、大半夏、独足伞、山磨芋、虎掌、蛇头蒜、锁喉莲、蛇草头、独脚莲、蛇包谷、独叶一枝枪、青杆独叶一枝枪、蛇六谷、天凉伞、蛇棒头、双隆芋、逢人不见面、不求人）**

Arisaema 指花独特的外表——由一个中央直立的肉穗花序（佛焰花序）挺立于一个佛焰苞中。

heterophyllum 异形叶的。hetero-，异形的；phyllum，意为“叶”。

97. ***Aristolochia contorta* 马兜铃科　马兜铃属　北马兜铃（马斗铃、铁扁担、臭瓜篓、茶叶包、河沟精、天仙藤、万丈龙、臭罐罐、臭铃当、吊挂篮子、葫芦罐）**

Aristolochia 从两个古希腊词演化而来：aristos，意为“最好的”；locheia，意为“分娩、生产”或者“产褥”。

指该属某些种广为人知的在分娩时的用途。但罗马演说家 Cicero 记录了一个不同的传说，即该植物的名字实际上是一个并不著名的人物的名字，其希腊名字叫作 Aristolochos，据说 Aristolochos 在梦中得知，这种植物可以作为被毒蛇咬伤的解药。

contorta 旋转的。

98. ***Aristolochia debilis* 马兜铃科　马兜铃属　马兜铃（兜铃根、独行根、青木香、一点气、天仙藤、蛇参果、三百银药、野木香根、定海根）**

Aristolochia 同前。

debilis 柔弱的。指本种的草质藤本茎很柔弱。

99. ***Armeniaca vulgaris* 蔷薇科　杏属　杏（杏树、杏花）**

*Armeniac*a 亚美尼亚的。

vulgaris 普通的、常见的。

100. ***Artabotrys hexapetalus* 番荔枝科　鹰爪花属　鹰爪花（鹰爪、莺爪、鹰爪兰、五爪兰）**

Artabotrys 一串挂着的葡萄。据 Robert Brown 所述，属名源于希腊语的 artane 或 artao，意为“挂在……上面”。botrys，意为“一团、一串葡萄、一团葡萄”。公元 1 世纪希腊的医生和植物学家佩达纽斯 · 迪奥斯科里季斯（Dioscorides）认为这个名字原指的是一种像苦艾的草本植物。

hexapetalus 具六瓣花的。hexa-，六；petalus，花瓣。

101. ***Artemisia annua* 菊科　蒿属　黄花蒿（青蒿、草蒿、臭蒿、犱 [jǐ] 蒿、黄蒿、臭黄蒿、茼蒿、黄香蒿、野茼蒿、秋蒿、香苦草、野苦草、鸡虱草、黄色土因呈、假香菜、香丝草、酒饼草、苦蒿）**

Artemisia 希腊神话中的月亮和狩猎女神（Ártemis 或 Artemis），或古希腊森林和山陵女神。Artemis 是太阳神阿波罗（Apollo）的孪生妹妹，最初是森林与自然

之神，相当于罗马神话中的狄安娜（Diana），因此以“林中的狄安娜”（Diana Nemorensis）为人所知。由植物（森林）女神又引伸为丰收女神。其别名之一是“Orthia”，意为“挺立”，这与树的形象有关。在爱奥尼亚的厄斐索斯，Artemis 作为丰收女神特别受到崇拜，在这里曾修建了著名的 Artemis 神庙。Artemis 作为丰收女神，又转成儿童诞生的保护神。有学者认为 Apollo 和 Artemis 最初都不是希腊神。用这个属名是指该属植物多生于森林和山陵中。本种即屠呦呦提取青蒿素所用的青蒿。

annua 一年生的。

102. ***Artemisia argyi* 菊科　蒿属　艾（艾蒿、白蒿、冰台、医草、甜艾、灸草、海艾、白艾、蕲 [qí] 艾、阿及艾、家艾、艾叶、陈艾、大叶艾、祁艾、大艾、艾绒、艾蓬、五月艾、黄草、野艾、白陈艾、家陈艾、红艾、火艾）**

Artemisia 同前。

argyi 银白色的。指本种全株被灰白色毛，叶厚纸质，上面被灰白色短柔毛，并有白色腺点与小凹点，背面密被灰白色蛛丝状密绒毛。整个植株远看呈银白色。

103. ***Artemisia borealis* 菊科　蒿属　北极蒿**

Artemisia 同前。

borealis 北方的。早期的欧洲植物学家们以欧洲为中心而指东西南北各个方向，本种多分布在北极附近的地区，在欧洲以北。

104. ***Artemisia capillaris* 菊科　蒿属　茵陈蒿（因尘、因陈、茵陈、绵茵陈、白茵陈、日本茵陈、家茵陈、绒蒿、臭蒿、安吕草）**

Artemisia 同前。

capillaris 具细毛的。指本种全身被银白色绒毛。

105. ***Artemisia ordosica* 菊科　蒿属　黑沙蒿（沙蒿、鄂尔**

多斯蒿、油蒿、籽蒿）

Artemisia 同前。

ordosica 具有浓烈气味的。

106. **Artemisia sieversiana 菊科 蒿属 大籽蒿（山艾、白蒿、大白蒿、臭蒿子、大头蒿、苦蒿）**

Artemisia 同前。

*sieversiana*18 世纪德国植物学家 J. Sievers。

107. **Artemisia sphaerocephala 菊科 蒿属 圆头蒿（籽蒿、白砂蒿、白杆子砂蒿、黄蒿、籽蒿、黄毛菜籽、米蒿、油砂蒿、香蒿）**

Artemisia 同前。

sphaerocephala 圆球形头状的。sphaero-，圆球形的；cephala，头。指本种的圆形头状花序。

108. **Artemisia wellbyi 菊科 蒿属 藏沙蒿（藏籽蒿）**

Artemisia 同前。

wellbyi 一个英国的船长 M. S. Wellby。Wellby 于 1896 年曾到过中国的西藏。

109. **Arthraxon hispidus 禾本科 荩草属 荩草**

Arthraxon 具联合茎的。

hispidus 具短硬毛的、长满刚毛的。指本种叶生短硬疣毛。

110. **Artocarpus heterophyllus 桑科 波罗蜜属 波罗蜜（木波罗、树波罗、牛肚子果）**

Artocarpus 源于希腊语的 artos，意为“面包”；karpus，意为“果”。名字由 Johann Reinhold Forster（1729—1798）和 J. Georg Adam Forster（1754—1794）所创造。他们是一个父子植物学家组合。他们在 James Cook（1728—1779）的第二次航行中，同在“决心”号舰（HMS RESOLUTION）上。

heterophyllus 具有异形叶的。hetero-，异形的；phyllus，叶。

A

111. ***Artocarpus incisa* 桑科　波罗蜜属　面包树（罗密树、马槟榔、面包果树）**

Artocarpus 同前。

incisa 具缺刻的、锐裂的，指本种成熟之叶羽状分裂，两侧多为 3 ～ 8 羽状深裂。

112. ***Arundo donax* 禾本科　芦竹属　芦竹（荻芦竹、江苇、旱地芦苇、芦竹笋、芦竹根、楼梯杆）**

Arundo 来自拉丁语的 arundo，意为“芦苇”。

donax 芦苇、芦竹。

113. ***Asparagus officinalis* 百合科　天门冬属　石刁柏（露笋）**

Asparagus 该词本身来源于希腊语的 aspharagos 或者 asparagos，而希腊语中的这个词又源于波斯语的 asparag，意为“幼芽、新梢”或“幼苗、嫩芽”。英语词“asparagus”来源于古典拉丁语。该属植物在英语中曾一度被叫作 sperage，来自中世纪的拉丁语 sparagus。Asparagus 在一些地方也被错误叫作“麻雀草”，John Walker 在 1791 年曾写道：“麻雀草（Sparrowgrass）是如此地普遍（通），以至于天门冬（asparagus）充斥着一股顽固、迂腐的气息”。这是因为 Walker 认为麻雀草就是天门冬。

officinalis 药用的。

114. ***Asparagus setaceus* 百合科　天门冬属　文竹（云片竹、山草、鸡绒芝）**

Asparagus 同前。

setaceus 具刚毛的、具刺毛的、像刚毛的、长有刚毛的。指本种叶状枝通常每 10~13 枚成簇，刚毛状。

115. ***Aspidistra elatior* 百合科　蜘蛛抱蛋属　蜘蛛抱蛋（一叶兰）**

Aspidistra 小盾、小护罩。指该属植物具有印痕的头状

花。John Ker Gawler 于 1822 年命名。第二次世界大战期间，“Aspidistra”曾是英国一个功率非常强大的广播电台的代号，该电台用于对纳粹德国的宣传和欺骗目的。即用的是该词“小盾”之意。

elatior 更高的。

116. ***Asplenium pekinense* 铁角蕨科 铁角蕨属 北京铁角蕨（巢蕨、台湾山苏花）**

Asplenium 名字来源于一个古老的传说，根据“签名理论”（签名理论在药用植物文献中被广泛引用。这一理论说的是，植物的某些物理属性或性状是指示其对某种疾病治疗价值的标志），这种蕨类可以用于治疗脾的疾病，因为叶背面的芽胞囊群的样子非常像脾的形状。该植物的英语名字也为“脾植物”（spleenwort），spleen，意为“脾”，wort 是一个古英语中的术语，意为“植物”。

pekinense 北京的。

117. ***Neottopteris nidus* 铁角蕨科 巢蕨属 巢蕨（山苏花、台湾山苏花）**

Neottopteris 源于 neoitia 一词。意为“鸟巢”。指该属植物的叶都围绕根顶部圆形排列，中间形成一个凹陷，状似鸟巢。

nidus 鸟巢。

118. ***Aster novi-belgii* 菊科 紫菀属 纽约紫菀（荷兰菊）**

Aster 拉丁语，意为“星”。

novi-belgii 新比利时。novi-，新的；belgii，比利时（Belgium）。源于纽约州被称作“新比利时”的时代。

119. ***Aster subulatus* 菊科 紫菀属 钻叶紫菀（钻形紫菀）**

Aster 同前。

subulatus 钻形的。

120. ***Asterothamnus alyssoides* 菊科 紫菀木属 紫菀木**

A

Asterothamnus 星状灌木。Aster，意为“星”，thanmnos，意为“灌木”。

alyssoides 像庭荠的。*Alyssus*，庭荠属；*oides*，像……的。

121. ***Astilbe chinensis* 虎耳草科 落新妇属 落新妇**

Astilbe 缺少光彩的。指该属植物的花多缺少艳丽色彩。

chinensis 中国的。

122. ***Astragalus adsurgens* 豆科 黄耆属 斜茎黄耆（直立黄耆、沙打旺）**

Astragalus 拉丁语 Astragalus，源于希腊语的 astragalos，意为“距骨”（ankle-bone）。

adsurgens 直立的。

123. ***Astragalus scaberrimus* 豆科 黄耆属 糙叶黄耆（粗糙紫云英、春黄耆）**

Astragalus 同前。

scaberrimus 极粗糙的。

124. ***Astragalus tribulifolius* 豆科 黄耆属 蒺藜叶黄耆(拟蒺藜黄耆）**

Astragalus 同前。

tribulifolius 像蒺藜叶的。tribuli-，蒺藜的；*Tribulus*，蒺藜属；folius，叶。

125. ***Atractylodes lancea* 菊科 苍术属 苍术（术、赤术）**

Atractylodes 真正的来源已经不可考。有一种菊科植物的提取液叫作 Atractylus，这种植物常被拼写为 Atractylodis 或 Atractyloides，所以有人认为应该是来自这个名字。但问题是该菊科植物以“-oides”结尾，意为“像……的”。因此，属名很可能是指“像 Atractylis 的”。

lancea 拉丁语，矛（lance）形的。指根状茎通常呈疙瘩状。

126. ***Atraphaxis bracteata* 蓼科 木蓼属 沙木蓼（灌木蓼、**

野荞麦花）

Atraphaxis 古希腊名字，原指滨藜。

bracteata 具苞片的。

127. ***Atriplex canescens* 藜科　滨藜属　四翅滨藜（灰毛滨藜）**

Atriplex 拉丁语，古罗马作家老普林尼（Pliny the Elder，23—79）原指的是可以食用的滨藜属植物。

canescens 变灰白的、被灰白毛的。

128. ***Atriplex patens* 藜科　滨藜属　滨藜**

Atriplex 同前。

patens 特别开展的。

129. ***Atropa belladonna* 茄科　颠茄属　颠茄（颠茄草）**

Atropa 希腊神话中的阿特洛波斯（Atropos），是命运三女神之一。在命运三女神中，最小的克洛托掌管未来和纺织生命之线，二姐拉切西斯负责决定生命之线的长短，最年长的阿特洛波斯掌管死亡，负责切断生命之线，即使是天父宙斯也不能违抗她们的安排。用阿特洛波斯来命名这种植物，指这种植物具有极强的毒性，可以“切断”生命线。

belladonna 意为“从古柯（*Erythroxylum coca*）中提取的可卡因”。

130. ***Aucuba japonica* var. *variegata* 山茱萸科　桃叶珊瑚属　花叶青木（青木、东瀛珊瑚）**

Aucuba 源于日语的 aoki，意为“桃”; ba，意为“叶”。指该属某些植物的叶似桃叶。

japonica 日本的。

variegata 杂色的、具彩斑的、多变的、具不同颜色的。

131. ***Avena chinensis* 禾本科　燕麦属　莜麦（油麦）**

Avena 无脉的、近无脉的。

chinensis 中国的。

132. ***Avena sativa*** **禾本科　燕麦属　燕麦（铃当麦、香麦）**

Avena 同前。

B

sativa 栽培的。

133. ***Averrhoa carambola*** **酢浆草科　阳桃属　阳桃（五敛子、五棱果、五稔、洋桃）**

Averrhoa 阿拉伯医生、亚里士多德著作的翻译者 Ibn Rushd Averrhoes。

carambola 阳桃的南洋土名。

134. ***Baccaurea ramiflora*** **大戟科　木奶果属　木奶果（白皮、山萝葡、野黄皮树、山豆、木荔枝、大连果、黄果树、木来果、树葡萄、木箣埃、枝花木奶果、麦穗）**

Baccaurea 金黄色的。源于拉丁语的 baccaurea。指本属植物果实的呈金黄色。

ramiflora 枝上生花的、具分枝花序的。rami-，枝；flora，花。

135. ***Bambusa multiplex*** **禾本科　簕 [lè] 竹属　孝顺竹（凤尾竹、凤凰竹、蓬莱竹、慈孝竹）**

Bambusa 来自马来语的 bambo，意为“竹子燃烧时的爆破声”。

multiplex 多叠的、多层的。

136. ***Bambusa ventricosa*** **禾本科　簕竹属　佛肚竹（佛竹）**

Bambusa 同前。

ventricosa 偏肿的、单面肿胀的。指竹节膨大。

137. ***Bambusa vulgaris* cv. Vittata** **禾本科　簕竹属　黄金间碧竹（青丝金竹）**

Bambusa 同前。

vulgaris 普通的、常见的。

Vittata 具纵向条带的。

138. ***Bassia dasyphylla*** **藜科　雾冰藜属　雾冰藜（肯诺藜、星状刺果藜、雾冰草）**

Bassia 印度植物学家和自然学家 Ferdinando Bassi（1710—

1774），Bassi 曾任博洛尼亚植物园主任，也是 *Ambrosina*，*Novum Plantae Genus* 一书的作者。Carlo Allioni 于 1766 年首次发表该属。

dasyphylla 厚叶的、毛叶的。dasy-，厚的、有毛的；phylla，叶。

139. ***Batrachium bungei* 毛茛科　水毛茛属　水毛茛**

Batrachium 来自希腊语的 batrachos，意为“蛙”。指该属植物生于水中或湿地。

bungei 俄国草本学家、医生 A. von Bunge（1813—1866）。

140. ***Bauhinia purpurea* 豆科　羊蹄甲属　羊蹄甲（玲甲花）**

Bauhinia 林奈用来纪念 16 世纪的瑞士植物学家 Bauhin 双胞胎兄弟。Bauhin 这个姓，很多书上译为包兴，这是按德语或英语发音读的，Bauhin 兄弟其实是法国后裔，按法语发音规则，“Bau” 念 “波”，“in” 念 “安”，“h” 在法语中不发音，因此，Bauhin 兄弟的姓应发音为“波安”。林奈用 Bauhin 兄弟命名这个属，是指羊蹄甲的每一片形状似羊蹄的叶实际上是两片叶子合在一起的结果，只不过愈合得不彻底而已，看起来像一对双胞胎兄弟。

purpurea 紫色的。

141. ***Beaucarnea recurvata* 百合科　酒瓶兰属　酒瓶兰（象腿树）**

Beaucarnea 比利时植物学家 Jean-Baptiste Beaucarne。Beaucarne 是 19 世纪比利时著名的植物采集人。

recurvata 向下弯的、向后弯的。

142. ***Beaumontia grandiflora* 夹竹桃科　清明花属　清明花（炮弹果、刹抢龙）**

Beaumontia 英国约克郡的 Diana Beaumont（née Wordworth）（1765—1831）女士。据 1833 年《柯蒂斯

植物杂志》(Curtis Botanical Magazine) 第七卷所述, Beaumont 女士在英国约克郡布雷顿森林大厅 (Bretton Hall) 工作, 她是一个热情、慷慨的园艺赞助人, 曾管理布雷顿森林大厅花园 30 年。她一生还收藏了大量的矿石, 她也是一个园艺迷。她丈夫建了两个大型的钟状玻璃温室, 专门用来种植她的外来植物 (但可惜的是, 在她去世后, 她的儿子 Thomas Wentworth 毁掉了温室)。在那里, 她还曾拥有一个小型动物园。她所建立的景观公园现在已成为利兹大学校园的一部分。*Beaumontia* 属是丹麦植物学家与外科医生 Nathaniel Wallich 于 1924 年建立的。

grandiflora 大花的。grandi-, 大的; flora, 花。

143. ***Crescentia cujete* 紫葳科 葫芦树属 葫芦树 (炮弹果、瓠 [hù] 瓜木、红樱)**

Crescentia 意大利博洛尼亚的 Pietro de Crescenzi (1230—1321)。

cujete 该植物葫芦状果实的巴西土名。

144. ***Begonia semperflorens* 秋海棠科 秋海棠属 四季海棠 (蚬 [xiǎn] 肉秋海棠、玻璃翠、四季秋海棠、瓜子)**

Begonia 法国的法属圣多明戈总督 Michel Bégon。该词由法国的植物学研究赞助者 Charles Plumier 创造, 1753 年被林奈采纳, 以纪念法国的法属圣多明戈 (现海地) 总督 Michel Bégon。

semperflorens 长久开花的。semper-, 永远的、长久的; florence, 繁花似锦的、繁茂的、开花的。

145. ***Belamcanda chinensis* 鸢尾科 射干属 射干 (交剪草、野萱花)**

Belamcanda 豹斑百合的亚洲名字。

chinensis 中国的。

146. ***Bellis perennis* 菊科 雏菊属 雏菊 (延命菊、马兰**

头花）

Bellis 美丽的。是普林尼（Pliny）使用的一个名字。

perennis 二年生的。

147. ***Berberis diaphana*** **小檗 [bò] 科　小檗属　鲜黄小檗（黄檗、三颗针、黄花刺）**

Berberis 该属植物阿拉伯语的土名。现已成为新拉丁语 berberis，意为“小檗”。

diaphana 透光的。

148. ***Berberis thunbergii*** **小檗科　小檗属　日本小檗（刺檗、红叶小檗、目木）**

Berberis 同前。

thunbergii 瑞典植物学家 Kar Pehr Thunberg（1743—1822）。

149. ***Bertholletia excelsa*** **玉蕊科　巴西栗属　巴西栗（巴西坚果、巴西果、鲍鱼果）**

Bertholletia 纪念法国化学家 Claude Louis Berthollet。他对建立化学品的现代系统命名法做出过重要的贡献。

excelsa 高的。

150. ***Beta vulgaris*** **var.** ***cicla*** **藜科　甜菜属　厚皮菜(莙 [tián] 菜、牛皮菜、莙荙 [jūndá] 菜）**

Beta 甜菜的拉丁语名字。

vulgaris 普通的、常见的。

cicla 意为“可供食用的甜菜”。在地中海地区被称作 Cicla-Group 和 Flavescens-Group，是一种绿叶蔬菜。

151. ***Betula alnoides*** **桦木科　桦木属　西桦（西南桦木）**

Betula 凯尔特语 betu，意为“桦树”。另一说：为来自拉丁语的 betula，意为“桦树”。

alnoides 像桤木的。*Alnus*，桤木属；-oides，像……的。

152. ***Betula chinensis*** **桦木科　桦木属　坚桦（杵榆）**

Betula 同前。

chinensis 中国的。

153. ***Betula platyphylla*** **var.** ***mandshurica*** **桦木科　桦木属　华北白桦**

Betula 同前。

platyphylla 宽叶的。platy-，宽的；phylla，叶。

mandshurica 产于中国东北的、满洲的。

154. ***Betula platyphylla*** **桦木科　桦木属　白桦（粉桦、桦皮树）**

Betula 同前。

platyphylla 宽叶的。platy-，宽的；phylla，叶。

155. ***Bidens bipinnata*** **菊科　鬼针草属　婆婆针（鬼针草、刺针草）**

Bidens 二齿的、有两恒牙的、双刃的、双叉的、二齿锄。

bipinnata 二回羽状复叶的。bi-，二；pinnata，羽毛状的。

156. ***Bidens pilosa*** **菊科　鬼针草属　鬼针草（三叶鬼针草、虾钳草、蟹钳草、对叉草、粘人草、粘连子）**

Bidens 同前。

pilosa 拉丁语，多毛的。

157. ***Bidens pilosa*** **var.** ***radiata*** **菊科　鬼针草属　白花鬼针草（金盏银盘）**

Bidens 同前。

pilosa 同前。

radiata 鳍刺的、放射的、辐射状的，指植物种子成熟后呈放射状排列。

158. ***Billbergia pyramidalis*** **凤梨科　水塔花属　水塔花（火焰凤梨、比尔见亚、红藻凤梨、水槽凤梨、红笔凤梨）**

Billbergia 瑞典植物学家、动物学家和解剖学家 Gustaf Johan Billberg（1772—1844）。

pyramidalis 金字塔形的、三角锥形的。指本种枝直立向上，树形峭立，像金字塔。

159. ***Bischofia javanica*** **大戟科　秋枫属　秋枫（万年青树、赤木、茄冬、加冬、秋风子、木梁木、加当）**

Bischofia 德国海德尔堡的教授 G. W. Bischoff（1797—1854）。该属发表于 1827 年。

javanica 产于爪哇的。

160. ***Bischofia polycarpa*** **大戟科　秋枫属　重阳木（乌杨、茄冬树、红桐、水枧 [jiǎn] 木）**

Bischofia 同前。

polycarpa 多果的。poly-，多的；carpa，果。

161. ***Bistorta vivipara*** **蓼科　拳参属　胎生拳参**

Bistorta 两次扭曲的。bis，两次；torta，扭曲的。指该属植物根基（root-stock）呈两次扭曲的特征。

vivipara 胎生的。

162. ***Bixa orellana*** **红木科　红木属　红木（胭脂木）**

Bixa 胭脂木在南美地区的土名。

orellana 在林奈之前一种从胭脂木提取的红色染料的名字。

163. ***Boehmeria densiglomerata*** **荨麻科　苎 [zhù] 麻属　密球苎麻（土麻仁、野紫苏）**

Boehmeria 德国植物学家 Georg Rudolf Boehmer（1723—1803）。

densiglomerata 密球状的。densi-，密的；glomerata，球状的。

164. ***Boehmeria nivea*** **荨麻科　苎麻属　苎麻（野麻、野苎麻、家麻、苎仔、青麻、白麻）**

Boehmeria 同前。

nivea 雪白的、覆雪的。指本种的叶背面呈雪白色。

165. ***Bolbostemma paniculatum*** **葫芦科　假贝母属　假贝母**

Bolbostemma 具肥厚鳞茎的。

paniculatum 圆锥花序的、下垂的。

166. ***Bombax malabaricum*** **木棉科　木棉属　木棉（红棉、英雄树、攀枝花、斑芝棉、斑芝树、攀枝）**

B

Bombax 同前。

malabaricum 希腊语，毛茸茸的小船。希腊语 malos，意为“毛茸茸的”；baris，指埃及的一种平底小舟。指植物的果实像毛茸茸的小船。

167. ***Borassus flabellifer*** **棕榈科　糖棕属　糖棕（扇椰子、扇叶树头榈）**

Borassus 希腊语 borrassos，意为“海枣正在生长的或未成熟的佛焰花序”。

flabellifer 扇形的、扁形的。指本种叶子形状。

168. ***Borthwickia trifoliata*** **山柑 [gān] 科　节蒴木属　节蒴木**

Borthwickia 美国花卉栽培专家 Harry Alfred Borthwick（1898—1974）。

trifoliata 具三叶的。tri-，三；foliata，叶。指该种的三出羽状复叶。

169. ***Bothriospermum chinense*** **紫草科　斑种草属　斑种草**

Bothriospermum 种子有凹痕的。bothrio-，有精致凹痕的；spermum，种子、精子、精液。指本种的种子有网状皱折及稠密的粒状突起，腹面有椭圆形的横凹陷。

chinense 中国的。

170. ***Bothrocaryum controversum*** **山茱萸科　灯台树属　灯台树（六角树、瑞木）**

Bothrocaryum 有小洞的坚果。希腊语 bothrion，意为“小凹陷、小洞”；karyon，意为“坚果”。

controversum 意为“有争论的、有争议的、有疑问的”。

171. ***Bougainvillea glabra*** **紫茉莉科　叶子花属　光叶子花（宝巾、簕 [lè] 杜鹃、小叶九重葛、三角花、紫三角、紫亚兰、三角梅）**

Bougainvillea 法国航海家 L. A. de Bougainville（1729—

1781）。

glabra 光滑的、无毛的。

172. ***Brassica campestris* 十字花科　芸苔属　芸苔（油菜）**

Brassica 普林尼（Pliny）使用的名字 brassica 或 brassicae，原指各种类似白菜的植物。

campestris 田野生的。

173. ***Brassica caulorapa* 十字花科　芸苔属　擘 [bò] 蓝（苤 [piě] 蓝、球茎甘蓝、芥兰头、玉头）**

Brassica 同前。

caulorapa 茎像萝卜的。caulo-，茎；rapa，萝卜。

174. ***Brassica juncea* 十字花科　芸苔属　芥菜（芥）**

Brassica 同前。

juncea 像灯心草的。*Juncus*，灯心草属。

175. ***Brassica oleracea* var. *acephala* f. *tricolor* 十字花科　芸苔属　羽衣甘蓝**

Brassica 同前。

oleracea 蔬食的、可做蔬菜的。一些人认为，只要拉丁学名中有“*oleracea*”的，都可以作为蔬菜食用。

acephala 无头的、缺头的、缺少领头的、以短音节开始的、缺第一个音节的。

tricolor 三色的。tri-，三；color，颜色。

176. ***Brassica oleracea* var. *capitata* 十字花科　芸苔属　甘蓝（莲花白、卷心菜、包菜、洋白菜、椰菜、包包菜、圆白菜、疙瘩白、大头菜、包心菜）**

Brassica 同前。

oleracea 蔬食的、可做蔬菜的。

177. ***Bretschneidera sinensis* 伯乐树科　伯乐树属　伯乐树（钟萼木、冬桃）**

Bretschneidera 俄国汉学家 Emil Bretschneider（1833—1901）。

sinensis 中国的。

178. **Breynia fruticosa 大戟科　黑面神属　黑面神（狗脚刺、田中、四眼叶、夜兰茶、蚁惊树、山夜兰、鬼画符、黑面叶、锅盖木、漆鼓、细青七树、青丸木）**

Breynia 德国商人、自然学家和植物学家 Jacob Breyne（1637—1697）。*Exoticarum plantarum centuria prima*（1678）一书的作者。由 Plumier 定名。另一说：德国商人、自然学家和植物学家 Jacob Breyne（1637—1697）为其子（医生、自然学家和植物学家 Johann Philipp Breyne）（1680—1764）而命名。

fruticosa 成灌木的、灌木的。

179. **Broussonetia papyrifera 桑科　构属　构树（楮桃、楮、谷桑、谷树）**

Broussonetia 法国医生兼植物学家 P. M. A. Broussonet（1761—1807）。

papyrifera 具纸的、纸质的、可造纸用的。*papyri-*，纸的；*fera*，具……的。

180. **Brunfelsia latifolia 茄科　鸳鸯茉莉属　鸳鸯茉莉（番茉莉、二色茉莉）**

Brunfelsia 林奈为纪念德国草药学家 Otto Brunfels（1488—1534）而命名。Brunfels 是 16 世纪三位德国植物学之父之一（三位德国植物学家之父为文艺复兴时期德国植物学家 Leonhart Fuchs、Otto Brunfels 和 Hieronymus Bock）。

latifolia 宽叶的。lati-，宽的；folia，叶。

181. **Bryophyllum delagoense 景天科　落地生根属　棒叶落地生根（棒叶不死鸟、锦蝶）**

Bryophyllum 希腊语 bryon 或 bryein，意为“发芽、抽芽”；phyllum，意为“叶”，指其新株可通过叶来繁殖获得。该属植物叶缘有圆齿，圆齿底部容易生芽，新

芽状似小叶，叶状芽长大后落地即成一株新植物，故名落地生根。

delagoense 德拉瓜湾（莫桑比克南部的印度洋水湾 Delagoa Bay）。

182. ***Bryophyllum pinnatum* 景天科　落地生根属　落地生根（不死鸟、墨西哥斗笠、灯笼花、花蝴蝶、叶爆芽、天灯笼、倒吊莲）**

Bryophyllum 同前。

pinnatum 羽状复叶的、羽状的。指在主叶轴上具有小叶。

183. ***Buddleja alternifolia* 马钱科　醉鱼草属　互叶醉鱼草（白芨、白芨梢、白积梢、泽当醉鱼草、小叶醉鱼草）**

Buddleja 英国牧师和植物学家 Adam Buddle（1662—1715）。

alternifolia 互生叶的。alterni-，交叉的；folia，叶。指本种为互生叶。

184. ***Bupleurum chinense* 伞形科　柴胡属　北柴胡（竹叶柴胡、硬苗柴胡、韭叶柴胡）**

Bupleurum 牛肋骨。古希腊克罗丰的说教诗人之一尼坎德（Nicander）使用过的一个古希腊名称。

chinense 中国的。

185. ***Buxus sinica* 黄杨科　黄杨属　黄杨（锦熟黄杨、瓜子黄杨）**

Buxus 拉丁语，意为“黄杨”。另一说：拉丁语，来自希腊语 pyknos，茂盛之意。

sinica 中国的。

186. ***Buxus sinica* var. *parvifolia* 黄杨科　黄杨属　小叶黄杨（珍珠黄杨、鱼鳞黄杨）**

Buxus 同前。

sinica 同前。

parvifolia 小叶的。parvi-，小的；folia，叶。

187. ***Caesalpinia pulcherrima*** **豆科　云实属　金凤花（洋金凤、黄蝴蝶、蛱蝶花）**

Caesalpinia 意大利医生、哲学家和植物学家 Andrea Cesalpino（拉丁化后为 Andreas Cæsalpinus）（1519—1603）。

pulcherrima 最美丽的。ε Boo 或 ε Boötis 是牧夫座（Boötes）北部的一个双子星，它的传统名字是 Izar，Otto Struve 将其命名为 Pulcherrima，意为“最美丽的”。

188. ***Calathea insignis*** **竹芋科　肖竹芋属　紫背肖竹芋（披针叶竹芋、花叶葛郁金、箭羽竹芋）**

Calathea 篮子。源于希腊语的 kalathos，意为“篮子”。指植物花序的形状。

insignis 奇特的、卓越的、异常的、引人注目的。

189. ***Calathea ornata*** **竹芋科　肖竹芋属　肖竹芋（大叶兰花蕉）**

Calathea 同前。

ornata 装饰的。

190. ***Calathea rufibarba*** **天南星科　竹芋属　波浪竹芋（大叶兰花蕉）**

Calathea 同前。

rufibarba 具退化芒刺的（rusty-bearded）。

191. ***Calliandra haematocephala*** **豆科　朱缨花属　朱缨花（美蕊花）**

Calliandra 花美丽的。

haematocephala 具血红色头的。haemato-，血色的；cephala，头。指该植物的红色圆球形花序。

192. ***Callicarpa macrophylla*** **马鞭草科　紫珠属　大叶紫珠（羊耳朵、止血草、赶风紫、贼子叶）**

Callicarpa 希腊语 kalos，意为“美丽的”；karpos，意为“果”。指紫色闪光的果实非常美丽、漂亮。

macrophylla 大叶的。macro-，大的；phylla，叶。

193. ***Calligonum mongolicum*** **蓼科　沙拐枣属　沙拐枣**

Calligonum 具有美丽关节的。希腊语 kallos，意为“美丽的”；gonu，意为“膝、关节”。指本属植物的茎拐状弯曲。

mongolicum 蒙古的。

194. ***Callistemon rigidus*** **桃金娘科　红千层属　红千层（瓶刷木、金宝树、小瓶刷）**

Callistemon 希腊语 kallos，意为“美丽的”；stemon，意为“雄蕊、花丝”。指该种美丽可爱的花——雄蕊具有血红色的花丝，花序圆柱形像个小瓶刷。1814 年被首次描述。

rigidus 坚挺的、坚硬的、刚硬的。指本种茎叶较坚硬。

195. ***Callistephus chinensis*** **菊科　翠菊属　翠菊（五月菊、江西腊）**

Callistephus 美丽的花冠。指该属植物美丽的头状花序。

chinensis 中国的。

196. ***Caltha scaposa*** **毛茛科　驴蹄草属　花葶驴蹄草（马蹄叶、马蹄草、立金花、沼泽金盏花）**

Caltha 古希腊语 kalathos，意为“高脚杯”。据说是指其花的形状。

scaposa 具花茎的。

197. ***Calystegia hederacea*** **旋花科　打碗花属　打碗花［燕覆子、蒲（铺）地参、盘肠参、兔耳草、富苗秧、傅斯劳草、兔儿苗、扶七秧子、扶秧、走丝牡丹、面根藤、钩耳藤、喇叭花、狗耳丸、狗耳苗、小旋花、狗儿秧、扶苗、扶子苗、旋花苦蔓、老母猪草］**

Calystegia 由两个希腊词组成：kalux，意为“杯子”；stegos，意为“一个盖”。合成词意为“一个当盖子用的杯子”。

hederacea 常春藤的、似常春藤的。*Hedera*，常春藤属。

198. ***Camellia assamica* 山茶科　山茶属　普洱茶**

Camellia 捷克旅行家 George Joseph Camell（1667—1706）。

assamica 印度东北的地名（Assam）。

199. ***Camellia japonica* 山茶科　山茶属　山茶（茶花）**

Camellia 同前。

japonica 日本的。

200. ***Camellia nitidissima* 山茶科　山茶属　金花茶（黄色山茶）**

Camellia 同前。

nitidissima 拉丁语，意为“明亮的、鲜亮的、长得好的、光亮的、漂亮的”。

201. ***Camellia sasanqua* 山茶科　山茶属　茶梅（茶梅花）**

Camellia 同前。

sasanqua 茶油的日本名字。

202. ***Campsis grandiflora* 紫薇科　凌霄属　凌霄（紫葳、苕华、堕胎花、白狗肠、搜骨风、藤五加、过路蜈蚣、接骨丹、九龙下海、五爪龙、上树龙）**

Campsis 希腊语 kampsis，意为“弯曲”。指茎弯曲。另一说：希腊语 kampsis，意为“凌霄花”。

grandiflora 大花的。grandi-，大的；flora，花。

203. ***Camptotheca acuminata* 蓝果树科　喜树属　喜树（旱莲木、千丈树）**

Camptotheca 具有弯曲套（箱）的。希腊语 campto- 或 camptos，弯的、弯曲；theca，箱子、套子。

acuminata 尖锐的、渐尖的、尖端细的。

204. ***Canavalia maritima* 豆科　刀豆属　海刀豆（水流豆）**

Canavalia 马拉巴尔（Malabar）语中该属植物的名字叫作 kavavali，意为“森林攀援者”。指植物藤本攀爬的特性。

maritima 海洋的、生于岸边的、滨海生的、盐生的。

205. ***Canna indica*** **美人蕉科　美人蕉属　美人蕉（红艳蕉、小花美人蕉、小芭蕉）**

Canna 源于拉丁语，原指藤条或茎或芦苇。

indica 印度的。

206. ***Cannabis sativa*** **桑科　大麻属　大麻（山丝苗、线麻、胡麻、野麻、火麻）**

Cannabis 公元 1 世纪希腊的医生和植物学家佩达纽斯·迪奥斯科里季斯（Dioscorides）给大麻（hemp）所起的名字。

sativa 栽培的。

207. ***Capparis himalayensis*** **山柑科　山柑属　爪瓣山柑（老鼠瓜、狼西瓜）**

Capparis 希腊语 kappari，是这类常绿灌木的古希腊名字。

himalayensis 喜马拉雅山的。Himalay，喜马拉雅（山）；-ensis，意为"……地方的"。

208. ***Capsella bursa-pastoris*** **十字花科　荠属　荠（荠菜、菱角菜）**

Capsella 瘦果、牧民钱夹（shepherd's purse）。

bursa-pastoris 在草场上的小包。burs-、bursa- 或 pouch-，意为"钱包、小提包"；pastoralis，意为"在草场上生长的、牧民的"。

209. ***Capsicum annuum*** **茄科　辣椒属　辣椒（牛角椒、长辣椒）**

Capsicum 据说源于拉丁语的 capsa，意为"盒子"，可能暗指果实（辣椒）的形状。或源于希腊语的 kapto，意为"狼吞虎咽地吃、吞咽、大口地吸（气）。指吃了辣椒后的表现。

annuum 一年生的。

210. ***Caragana arborescens*** **豆科　锦鸡儿属　树锦鸡儿（蒙古锦鸡儿）**

Caragana 鞑靼 [dádá] 语 caragan，为一种锦鸡儿的名字。

arborescens 乔木状的、成为树状的。

C

211. ***Caragana korshinskii*** **豆科　锦鸡儿属　柠条锦鸡儿（柠条、白柠条、毛条）**

Caragana 同前。

korshinskii 俄国植物学家 Sergei Ivanovitsch Korshinsky（1861—1900）。

212. ***Caragana rosea*** **豆科　锦鸡儿属　红花锦鸡儿（金雀儿、黄枝条）**

Caragana 同前。

rosea 玫瑰色的、玫瑰红色的。指该种的花为红色。

213. ***Caragana stenophylla*** **豆科　锦鸡儿属　狭叶锦鸡儿（皮溜刺、母猪刺）**

Caragana 同前。

stenophylla 窄叶的。steno-，窄的；phylla，叶。

214. ***Cardamine leucantha*** **十字花科　碎米荠属　白花碎米荠（山芥菜）**

Cardamine 来自希腊语的 kardamon，指的是一种具辛辣味、可做调料的植物。

leucantha 白花的。leu-，白色的；cantha，花。

215. ***Cardamine macrophylla*** **十字花科　碎米荠属　大叶碎米荠**

Cardamine 同前。

macrophylla 大叶的。macro-，大的；phylla，叶。

216. ***Carica papaya*** **番木瓜科　番木瓜属　番木瓜（木瓜、万寿果、番瓜、满山抛、树冬瓜）**

Carica 拉丁语，原指一种无花果。

papaya 来自加勒比西班牙语的 papaw 或者 pawpaw，

意为“番木瓜”。

217. ***Carmona microphylla* 紫草科　基及树属　基及树（福建茶）**

Carmona 来源不详。

microphylla 小叶的。micro-，小的；phylla，叶。

218. ***Carpinus cordata* 桦木科　鹅耳枥属　千金榆**

Carpinus 拉丁语，来自凯尔特语的 carpix，意为“树头”。另一说：Carpinus 源于拉丁语，是欧洲一类树的名字。

cordata 心形的。指叶的形状。

219. ***Carpinus putoensis* 桦木科　鹅耳枥属　普陀鹅耳枥**

Carpinus 同前。

putoensis 普陀山的。puto=putuo，普陀山；-ensis，……地方的。

220. ***Carpinus turczaninowii* 桦木科　鹅耳枥属　鹅耳枥（穗子榆）**

Carpinus 同前。

turczaninowii 俄国植物学家 Nikolai Stepánovich Turczanínow（1796—1863），曾定名过几个属和很多种植物。

221. ***Carpinus viminea* 桦木科　鹅耳枥属　雷公鹅耳枥（雷公枥）**

Carpinus 同前。

viminea 柳枝状的。

222. ***Caryopteris incana* 马鞭草科　莸 [yóu] 属　兰香草（卵叶莸、马蒿、莸、山薄荷、福州马尾、婆绒花）**

Caryopteris 果具翅的。希腊语 karyon，意为“坚果、核”；pteron，意为“翅”。

incana 很灰的、灰白的、被灰白色毛的。指本种嫩枝被灰白色柔毛，但老枝毛渐脱落。

223. ***Caryopteris mongolica* 马鞭草科　莸属　蒙古莸（白**

沙蒿、山狼毒、兰花茶）

Caryopteris 同前。

mongolica 蒙古的。

224. ***Caryota ochlandra*** **棕榈科　鱼尾葵属　鱼尾葵（青棕、假桄 [guāng] 榔、果株）**

Caryota 希腊语 karyotos，意为"坚果状的"。

ochlandra 具摆动雄蕊的。ochl-，意为"摆动的"；andra，意为"花"。

225. ***Caryota urens*** **棕榈科　鱼尾葵属　董棕（酒假桄榔、果榜）**

Caryota 同前。

urens 刺激的、如烧的。指本种的佛焰苞花序具多数、密集的穗状分枝花序，看起来像火焰。

226. ***Cassia alata*** **豆科　决明属　翅荚决明（有翅决明）**

Cassia 指树皮似铁刀木的。

alata 具翅的。指本种的果实具 4 条木栓质硬翅。

227. ***Cassia fistula*** **豆科　决明属　腊肠树（牛角树、波斯皂荚）**

Cassia 同前。

fistula 瘘 [lòu] 管，指身体内因发生病变而向外溃破所形成的管道，病灶里的分泌物由此流出。

228. ***Cassia occidentalis*** **豆科　决明属　望江南（野扁豆、狗屎豆、羊角豆、黎茶）**

Cassia 同前。

occidentalis 西方的。

229. ***Cassia siamea*** **豆科　决明属　铁刀木**

Cassia 同前。

siamea 来自泰国的。Siam，暹罗（中国对现东南亚国家泰国的古称）。

230. ***Castanea mollissima*** **壳斗科　栗属　栗（板栗、魁栗、**

毛栗、风栗）

Castanea 希腊语 kastanos，意为“栗属”。

mollissima 被极软（柔）毛的、极柔软的。指本种小枝被柔软的疏长毛及鳞腺。

231. ***Castanea seguinii* 壳斗科　栗属　茅栗（野栗子、毛栗、毛板栗）**

C

Castanea 同前。

seguinii 可能是个法国加斯科涅人的名字 Séguín 或 Seguin，源于德语。

232. ***Castanopsis eyrei* 壳斗科　锥属　甜槠 [zhū]（茅丝栗、丝栗、甜锥、反刺槠、小黄橼、锥子、曹槠、槠柴、酸橡槠）**

Castanopsis 像栗子树的。*Castanea*，栗属；-opsis，像……的模样。

eyrei 英国真菌学家和自然学家 William Leigh Williamson Eyre（1841—1914）。

233. ***Catalpa ovata* 紫薇科　梓 [zǐ] 属　梓（楸、花楸、水桐、河楸、臭梧桐、黄花楸、水桐楸、木角豆）**

Catalpa 印第安语 catalpa，是一种植物（梓树）的名字，或者指具有白花和长瘦荚果的一些树。

ovata 卵形的。指其叶卵形。

234. ***Catharanthus roseus* 夹竹桃科　长春花属　长春花（雁来红、日日草、日日新、三万花）**

Catharanthus 希腊语，意为“纯的、单纯的、纯真的、干净的花”。

roseus 玫瑰色的。

235. ***Cathaya argyrophylla* 松科　银杉属　银杉（杉公子）**

Cathaya 中国的。Cathay 是契丹（中国北部一个古民族名）的，在西方很多文献中用来指中国。指植物模式种产于中国。1955 年，我国植物学家钟济新

（1909—1993）带队考察广西桂林的花坪林区，队员邓先福和李志佑发现该种，钟济新将标本寄给陈焕镛，陈焕镛与匡可任研究之后，定属名为 *Cathaya*，于 1958 年在苏联的植物学杂志上发表。

argyrophylla 银色叶的。argyro，银色的；phylla，叶。

236. ***Cautleya gracilis* 姜科　距药姜属　距药姜**

Cautleya 英国工程师和古生物学家 Proby Cautley（1802—1871）。Cautley 在英属印度（British Raj/India，是英国在 1858—1947 年于印度次大陆建立的殖民统治区域，包括今印度、孟加拉国、巴基斯坦、缅甸）发现该种。英国植物学家 John Royle（1798—1858）首次描述该属时定名为 Cautleya。1839 年，Royle 被说服将他的新种放在姜科象牙参属（*Roscoea*）中为 *Roscoea lutea*（但 *R. lutea* 现已被作为 *R. gracilis* 同种异名）。1888 年，Joseph Hooker Royle 使属名 *Cautleya* 正式化，并将 *R. lutea* 改为 *Cautleya lutea*。他是根据花色来分别这个属的。距药姜属（*Cautleya*）具有黄花（虽然象牙参属也有黄花，但与距药姜属的截然不同）。1890 年又有三个距药姜属新种被描述，但现今都已被作为同种异名了。

gracilis 细窄的、简单的、细的、柔弱的。

237. ***Cayratia japonica* 葡萄科　乌蔹莓属　乌蔹莓（五爪龙、虎葛）**

Cayratia 安南（Annam，即越南在 1945 年之前的名字）一种藤本的土名 cay-rat。

japonica 日本的。

238. ***Cedrus deodara* 松科　雪松属　雪松（香柏）**

Cedrus 希腊语 kedros，意为“雪松”；或 kedros，为阿拉伯河名 kedron。

deodara 源于梵文的 devadaru，意为“神树、神圣的树”。

239. ***Ceiba speciosa*** **木棉科　吉贝属　美丽异木棉（美人树、美丽木棉、丝木棉）**

Ceiba 南美洲地区木棉树的俗名。

speciosa 引人注意的、外观美丽的、华丽的。

240. ***Celosia argentea*** **苋科　青葙 [xiāng] 属　青葙（野鸡冠花、鸡冠花、百日红、狗尾草）**

Celosia 源自古希腊语 kḗleos，意为“燃烧的”。指其火焰状花序。

argentea 银色的、银饰的、银制的、钱的、银的。指苞片及小苞片白色、光亮，呈银色。

241. ***Celosia cristata* var. *pyramidalis*** **苋科　青葙属　凤尾鸡冠（笔鸡冠、凤尾鸡冠花、芦花鸡冠）**

Celosia 同前。

cristata 有冠的。

pyramidalis 金字塔形的、三角锥形的。指本种枝直立向上，株形峭立。

242. ***Celosia cristata*** **苋科　青葙属　鸡冠花（鸡髻花、老来红、芦花鸡冠、笔鸡冠、小头鸡冠、凤尾鸡冠）**

Celosia 同前。

cristata 有冠的。

243. ***Celtis biondii*** **榆科　朴属　紫弹树（沙楠子树、异叶紫弹、毛果朴、全缘叶紫弹树、黑弹朴）**

Celtis 拉丁语 celtis，是一种非洲植物的名字，也是该植物的拉丁语古名。

biondii 语源不详，可能来自一人名。秦岭藤属（*Biondia*）也应是源于该名字。

244. ***Celtis bungeana*** **榆科　朴属　黑弹树（小叶朴、黑弹朴）**

Celtis 同前。

bungeana 俄国草本学家、医生 A. von Bunge（1813—1866）。

245. ***Celtis tetrandra* 榆科　朴属　四蕊朴（石朴、昆明朴、西藏朴、凤庆朴）**

Celtis 同前。

tetrandra 四雄蕊的。tetr-，四；andra，雄蕊。

246. ***Cenchrus echinatus* 禾本科　蒺藜草属　蒺藜草（野巴夫草）**

Cenchrus 希腊语 kenchros，指古希腊人食用的一种小米或某种像小米的谷物。

echinatus 硬刺、具刺毛的，指本种第一外稃先端尖，第二外稃包卷同质的内稃，先端尖，成熟时质地渐变硬成刺状。

247. ***Cenchrus longispinus* 禾本科　蒺藜草属　长刺蒺藜草（草蒺藜）**

Cenchrus 同前。

longispinus 具长刺的。longi-，长的；spinus，刺。

248. ***Centaurea cyanus* 菊科　矢车菊属　矢车菊（蓝芙蓉、车轮花）**

Centaurea 希腊神话中的半人半马怪物（Centaur）。中世纪的拉丁语 centauria 一词，源于希腊语的 kentaúria。指的是希腊神话中的半人半马怪物喀戎（Chiron）。在希腊神话和罗马神话里，喀戎不像其他人马那样暴力和野蛮，而是一个著名的智者、武师和医生，作为人类和奥林匹斯（Olympic）众神共同的良师益友，以其在药用植物方面渊博的知识而闻名。他是宙斯的父亲提坦（Titan）神克罗诺斯（Cronus）和水泽女仙（Nymph）斐莱娅（Philyra）非婚之子。克罗诺斯为了防止自己与斐莱娅私通的事情被法定妻子瑞亚（Rhea）发现，他与斐莱娅私通时变成了马的形状，喀戎出生后就成了下身为马、上身为人的怪异东西。他一出生就因为丑陋的相貌被父亲遗弃、遭母

亲拒绝而被丢弃在派利翁的山洞里。据说太阳与音乐之神阿波罗以及月亮与狩猎女神传授他很多才能，自强不息的喀戎努力学习各种知识与技能，终于成为一位受人尊敬的医生和智者。喀戎是伟大的医生，能化腐朽为神奇，愿意为小鹿疗伤，为飞鸟医治翅膀。他是智者，具有所有神、人及怪物懂或不懂的智慧，他调教的徒弟所向披靡、战无不胜，在希腊战场上留有光辉印迹。同时，他脾气温和，具有奥林匹斯众神所没有的谦卑和善良。在喀戎帮助大力神赫拉克勒斯寻找金苹果的旅途中，他们遇到了绑在高加索山上的偷火人普罗米修斯。为了惩罚普罗米修斯，宙斯让鹫鹰不断啄食普罗米修斯的肝脏，而他的肝脏在被啄食后又会迅速复原。喀戎爬到悬崖上去救他。这时，鹫鹰飞来，赫拉克勒斯急忙用涂有毒蛇许德拉血液的箭射杀鹫鹰，没想到竟误中喀戎。喀戎自愿代替普罗米修斯受苦，宙斯将喀戎的形象升到天空，成为一个星座——人马座。

cyanus 希腊语 kyáneos，意为“深蓝色的、天蓝色的”。

249. ***Centella asiatica* 伞形科　积雪草属　积雪草（崩大碗、马蹄草、老鸦碗、铜钱草、大金钱草、钱齿草、铁灯盏）**

Centella 来自希腊语的 centum，意为“一百”，这里引申为“多的”。指本属植物多而繁茂的匍匐枝。

asiatica 亚洲的。

250. ***Cephalanthus tetrandrus* 茜草科　风箱树属　风箱树（水杨梅、马烟树）**

Cephalanthus 头状花序的。cephal-，头的；anthus，花。

tetrandrus 四雄蕊的。tetr-，四的；andrus，雄蕊的。

251. ***Cephalomappa sinensis* 大戟科　肥牛树属　肥牛树（肥牛木）**

Cephalomappa 意为很多小花排列在一起形成一个头状

花序。Baillon 于 1874 年建立该属，当时该属只有一个种（*C. beccariana*）。

sinensis 中国的。

252. ***Cephalotaxus sinensis*** **三尖杉科　三尖杉属　粗榧** [fěi]（**鄂西粗榧、中华粗榧杉、粗榧杉、中国粗榧**）

C

Cephalotaxus 希腊语 kephale，意为“头状的”；*Taxus*，红豆杉属。指该属植物的叶像红豆杉叶而雌球花头状。

sinensis 中国的。

253. ***Cerastium arvense*** **石竹科　卷耳属　卷耳**

Cerastium 有角的。指该属植物荚果形状像动物的角。

arvense 在田野的、生于田间或耕地的。

254. ***Cerastium glomeratum*** **石竹科　卷耳属　球序卷耳**（**婆婆指甲菜、圆序卷耳**）

Cerastium 同前。

glomeratum 集团的、成球状的。指本种聚伞花序呈簇生状或呈头状。

255. ***Cerasus humilis*** **蔷薇科　樱属　欧李**（**乌拉奈、酸丁**）

Cerasus 同前。

humilis 矮生的、接近地面的、地表上的。

256. ***Cerasus serrulata*** **蔷薇科　樱属　山樱花**（**野生福岛樱、樱花**）

Cerasus 希腊语 kerasos，意为“樱桃树”。

serrulata 具细锯齿的、细锯齿状的、细锯齿边的。指本种叶缘具刺芒状锯齿。

257. ***Ceratoides latens*** **藜科　驼绒藜属　驼绒藜**（**优若藜**）

Ceratoides 像犄角的、巩膜的、白色的。

latens 隐藏的、秘密的、未揭示的。

258. ***Ceratophyllum demersum*** **金鱼藻科　金鱼藻属　金鱼藻**（**细草、软草、灯笼丝**）

Ceratophyllum 具角状叶的。指本属植物的叶形像鹿角。

demersum 淹没的、在水中的、水下的。指本种生于水中。

259. **Cercis chinensis 豆科 紫荆属 紫荆（裸枝树、紫珠）**

Cercis 源于希腊语的 kerkis，意为“一种白杨”。另一说：源于希腊语 kerkis，意为“洋苏木”。

C

chinensis 中国的。

260. **Chaenomeles sinensis 蔷薇科 木瓜属 木瓜（榠 [míng] 楂、木李、海棠）**

Chaenomeles 源于希腊语的 chaino（chaeno），意为“张开的口、开裂的”；melon，意为“甜瓜、苹果”。瑞典博物学家 Thunburg（1743—1828）认为该属植物的果实为 5 片裂。

sinensis 中国的。

261. **Chaenomeles speciosa 蔷薇科 木瓜属 皱皮木瓜（木瓜、楙 [mào]、贴梗海棠、贴梗木瓜、铁脚梨）**

Chaenomeles 同前。

speciosa 引人注意的、外观美丽的、华丽的。指本种具非常美丽的花。

262. **Chamaedorea elegans 棕榈科 袖珍椰子属 袖珍椰子（秀丽竹节椰、袖珍竹、矮生椰子、矮棕、客厅棕、幸福棕、袖珍椰子葵、袖珍棕）**

Chamaedorea 源于古希腊语的 chamai，意为“在地上”；dorea，意为“礼物”。指本种低矮的特性，人们很容易够得到果实。

elegans 拉丁语，优美的、漂亮的。

263. **Chelidonium majus 罂粟科 白屈菜属 白屈菜（土黄连、水黄连、水黄草、断肠草、小人血七、小野人血草、雄黄草、见肿消、水黄连、观音草、黄连、八步紧、山黄连）**

Chelidonium 燕子。分类学之父林奈在他 1753 年出版的《植物种志》中描述的，属早期拉丁语 chelidonia 或 chelidonium，最早来源于古希腊语的 chelidṓn，意为"燕子"，因古代的一些作家认为这种植物"燕来花开，燕走花谢"。

majus 大的。

264. ***Chenopodium acuminatum*** **藜科　藜属　尖头叶藜（绿珠藜）**

Chenopodium 像鹅脚的。希腊语 chen-，意为"鹅"；pous，意为"小脚"。指本属有些种的叶很像鹅脚形状的掌状叶。

acuminatum 尖锐的、渐尖的、尖端细的。

265. ***Chenopodium album*** **藜科　藜属　藜（灰藋 [diào]、灰菜）**

Chenopodium 同前。

album 白色的。指本种叶背面具银白色粉状物。

266. ***Chenopodium ambrosioides*** **藜科　藜属　土荆芥（臭草、杀虫芥、鹅脚草）**

Chenopodium 同前。

ambrosioides 像豚草的。ambrosi-，豚草的；*Ambrosia*，豚草属；-oides，像……的。

267. ***Chenopodium glaucum*** **藜科　藜属　灰绿藜**

Chenopodium 同前。

glaucum 蓝绿色的、蓝灰色的、闪光的。指本种蓝灰色的叶背。

268. ***Chenopodium quinoa*** **藜科　藜属　藜麦（南美藜、印第安麦、奎藜、奎奴亚藜、灰米、金谷子、奎藜籽、藜谷）**

Chenopodium 同前。

quinoa 源于盖丘亚语（秘鲁高原上克丘亚部落的语言）

的 kinwa 或 kinuwa，是该植物当地的土名。

269. ***Chimonanthus praecox*** **蜡梅科　蜡梅属　蜡梅（蜡木、素心蜡梅、荷花蜡梅、麻木柴、瓦乌柴、梅花、石凉茶、黄金茶、黄梅花、罄 [qìng] 口蜡梅、狗蝇梅、狗矢蜡梅、大叶蜡梅）**

Chimonanthus 冬季开花的。希腊语，cheimon，意为“冬天”；anthos，意为“花”。指本属植物能在寒冷的季节开花。另一说：拉丁语，源于希腊语的 chion，意为“雪”，anthos 意为“花”。也是指本属植物在寒冷季节开花的特征。

praecox 意为早生的、早发的。指本种植物在寒意未退的早春开花。

270. ***Chloris virgata*** **禾本科　虎尾草属　虎尾草（棒锤草、刷子头、盘草）**

Chloris 希腊神话中的春天和花卉以及自然女神克洛里斯（Chloris），在罗马神话中叫佛洛拉（Flora）。希腊神话中的克洛里斯（Khlōris），源自 khlōros，意为“绿黄色、浅绿色、浅色的、苍白的或者是新鲜的”。在古希腊神话中，有四个人使用克洛里斯的名字。在希腊语中，克洛里斯亦称“绿色的”（greenish），是春天女神。她嫁给西风之神仄 [zè] 费罗斯（Zephyrus）并生了三个孩子，分别是 Ampyx、Mopsus 和 Carpus。

virgata 具小枝的、具细长枝的、棒状的、多小枝的、多细枝的、小枝繁茂的。

271. ***Chlorophytum comosum*** **百合科　吊兰属　吊兰（垂盆草、挂兰、钓兰、兰草、折鹤兰、蜘蛛草、飞机草）**

Chlorophytum 源于希腊语的 chloros，意为“黄绿色的”；phytum，意为“植物”。指该属植物整体为黄绿色。

comosum 具冠毛的、具腋毛的。

272. ***Choerospondias axillaris*** **漆树科　南酸枣属　南酸枣**

（山枣、山枣子、枣、山桉果、五眼果、五眼睛果、酸枣、鼻子果、鼻涕果、花心木、醋酸果、棉麻树、啃不死）

Choerospondias 猪和槟榔青两词的结合体，意指不明。希腊语 choiros，意为“猪”；*Spondia*，槟榔青属。

axillaris 腋脉、腋生的。

273. ***Chrysalidocarpus lutescens* 棕榈科　散尾葵属　散尾葵（黄椰子）**

Chrysalidocarpus 金黄色的果实。希腊语 chrisalis，意为“金色的蛹”；karpos，意为“果”。

lutescens 变黄的。

274. ***Chrysanthemum coronarium* 菊科　茼蒿属　茼蒿（艾菜）**

Chrysanthemum 黄色的花。古希腊语 chrysos，意为“金子”；古希腊语 anthemon，意为“花”。

coronarium 属花冠的、冠状的。

275. ***Cimicifuga foetida* 毛茛科　升麻属　升麻（绿升麻）**

Cimicifuga 防臭虫的。cimici-，意为“臭虫状的”。Cimicifuga 意为“防臭虫装置或东西（bedbug repeller）”。

foetida 恶臭的、散发出恶臭气味的、具有难闻气味的、臭气熏天的。

276. ***Cinnamomum burmanni* 樟科　樟属　阴香（桂树、山肉桂、香胶叶、山玉桂、野玉桂树、假桂树、野桂树、野樟树、山桂、香桂、八角、大叶樟、炳继树、桂秧、阿尼茶、小桂皮）**

Cinnamomum 肉桂色的。希腊语 kinnamomon，意为“肉桂树”；kino 意为“运动的”；amomos，意为“香味”。

burmanni 荷兰植物学家 Nicolaus Lorenz Burmann（1734—1793）。

277. ***Cinnamomum camphora* 樟科　樟属　樟（香樟、芳樟、油樟、樟木、乌樟、瑶人柴、栳樟、臭樟）**

Cinnamomum 同前。

camphora 阿拉伯语，意为“樟脑或具有樟脑味的”。

278. ***Cinnamomum kotoense*** **樟科　樟属　兰屿肉桂**

Cinnamomum 同前。

kotoense 兰屿岛的。兰屿岛是台湾东部的一个小岛。

279. ***Cirsium japonicum*** **菊科　蓟属　蓟（山萝卜、地萝卜）**

Cirsium 希腊语 kirsos，意为“肿胀的静脉”。指该属植物被人们用来治疗静脉肿胀。

japonicum 日本的。

280. ***Cirsium setosum*** **菊科　蓟属　刺儿菜（小蓟、大小蓟、野红花、大刺儿菜）**

Cirsium 同前。

setosum 具刚毛的。

281. ***Cissus sicyoides*** **葡萄科　白粉藤属　蔓地榕（珠帘藤、一帘幽梦、富贵帘）**

Cissus 古希腊语中常春藤的名字。

sicyoides 像胡瓜的。*Sicyos*，葫芦科胡瓜属。

282. ***Cistanche deserticola*** **列当科　肉苁 [cōng] 蓉属　肉苁蓉（苁蓉、大芸）**

Cistanche 水犀科植物的扼杀者。指该属植物的根寄生习性。

deserticola 沙漠中的寄生者。deserti-，荒漠的；cola，寄生的、与……在一起生活的。

283. ***Citrus limon*** **芸香科　柑橘属　柠檬（洋柠檬、西柠檬）**

Citrus 拉丁语，来自古希腊语的 kitron，意为“枸橼 [jǔyuán] 果”。

limon 橘类果实的波斯名字。

284. ***Citrus maxima*** **芸香科　柑橘属　柚（抛、文旦）**

Citrus 同前。

maxima 极大的、最大的。

285. ***Citrus medica*** **芸香科　柑橘属　香橼（枸橼、枸橼子）**

Citrus 同前。

medica 新拉丁语，意为“草本、中药、与医药（疗）有关的”。

286. ***Clematis hexapetala*** **毛茛科　铁线莲属　棉团铁线莲（山蓼、棉花子花、野棉花）**

Clematis 希腊语 clematis，为一种攀援植物。

hexapetala 具六瓣花的。hexa，前缀，意为“六”；petala，意为“花瓣”。

287. ***Clematis intricata*** **毛茛科　铁线莲属　黄花铁线莲（透骨草）**

Clematis 同前。

intricata 缠结的、错离的。

288. ***Clematis montana*** **毛茛科　铁线莲属　绣球藤（三角枫、淮木通、柴木通）**

Clematis 同前。

montana 山地生的。

289. ***Clematis tangutica*** **毛茛科　铁线莲属　甘青铁线莲**

Clematis 同前。

tangutica 唐兀惕族的（在今青海和甘肃西部藏族地区）。

290. ***Cleome spinosa*** **山柑科　白花菜属　醉蝶花（西洋白花菜、紫龙须）**

Cleome 新拉丁语，来源与含义不明。

spinosa 具刺的。

291. ***Clerodendrum bungei*** **马鞭草科　大青属　臭牡丹（臭枫根、大红袍、矮桐子、臭梧桐、臭八宝）**

Clerodendrum 希腊语，cleros 或 kleros，意为“命运、机会、机遇或牧师”；dendron，意为“树木”。是斯里兰卡两种树早期的名字。当初在斯里兰卡发现它

时，有同属的两种植物，分别被命名为“幸运树”（*Arbor fortunata*）和“不幸树”（*Arbor infortunata*）。指该植物在医药中的各种用途，也指该植物在亚洲用于宗教目的。林奈于 1753 年在他的《植物种志》中定名。

C

bungei 俄国草本学家、医生 A. von Bunge（1813—1866）。

292. ***Clerodendrum japonicum* 马鞭草科　大青属　赪[chēng]桐（百日红、贞桐花、状元红、荷苞花、红花倒血莲）**

Clerodendrum 同前。

japonicum 日本的。

293. ***Clerodendrum thomsonae* 马鞭草科　大青属　龙吐珠（白萼赪[chēng]桐）**

Clerodendrum 同前。

thomsonae 该名字是根据在尼日利亚的一个牧师和医生 Rev. William Cooper Thomson（1829—1878）的要求而定的，为了纪念他已故的妻子。

294. ***Clerodendrum trichotomum* 马鞭草科　大青属　海州常山（臭梧桐、泡火桐、追骨风、臭桐、后庭花、香楸）**

Clerodendrum 同前。

trichotomum 意为“三出的、三歧的”。

295. ***Clivia miniata* 石蒜科　君子兰属　君子兰（大花君子兰）**

Clivia 是为了纪念英国女商人、诺森伯兰郡（Northumberland）女公爵 Charlotte Percy（née Clive）（1787—1866)。她曾做过当时尚未继承王位的维多利亚女王的家庭教师。Clive 比较知名的业绩是重建了阿尼克城堡的阿尼克花园。该属最早的标本由英国探险家 William Burchell（1781—1863） 和 John Bowie 分别于 1815 年和 1820 年采集，邱园植物学家

John Lindley 于 1828 年定名了该属的第一个种 *Clivia nobilis*。

miniata 朱砂红色的、涂红色于……。

296. ***Cocos nucifera* 棕榈科　椰子属　椰子（可可椰子）**

Cocos 名字来源尚有争议。1521 年 3 月，意大利学者、探险家 Antonio Pigafetta（1491—1531）在他的麦哲伦环球航行中，用意大利语写了一个非常详细的对椰子的描述，当时他用的是“cocho”或“cochi”的名字。很显然，椰子的名字来源于 1521 年他这次与太平洋岛屿当地人的偶遇。另一说：葡萄牙和西班牙的作家们在 16 世纪统一了该植物在两种语言中的拼法，统一后的拼写为“coco”，意为“笑脸、做鬼脸或稻草人”，与 cocar（笑、做鬼脸）一词同源。据说，这个名字是指椰子果实坚硬外壳底部的三个洞，形状像人脸。还有另一说：名字来源于在印度的葡萄牙探险者 Vasco da Gama，他首次在欧洲买到椰子，果壳上的造型提示了他葡萄牙民间传说中的一个叫作 coco（或 côca）的鬼或女巫，于是他就把这种果实叫作 coco。

nucifera 具坚果的。

297. ***Codiaeum varegatum* 大戟科　变叶木属　变叶木（洒金榕）**

Codiaeum 希腊语 kodeia，意为“头”。指该植物的叶可用来编制花环。

variegatum 杂色的、具彩斑的、多变的、具不同颜色的。

298. ***Codonopsis pilosula* 桔梗科　桔梗属　党参**

Codonopsis 钟形的。指本属植物的花呈钟的形状。

pilosula 具蓬松毛的、有毛的、具微毛的。

299. ***Coffea canephora* 茜草科　咖啡属　中粒咖啡**

Coffea 源于阿拉伯名字 qahwah，原指用干燥种子所泡的茶。

canephora 拉丁语 canephoros，源于希腊语的 kanēphoros，意为“苇编的篮子”。

300. ***Coix lacryma-jobi* 禾本科　薏苡属　薏苡** [yìyǐ]（**药玉米、水玉米、晚念珠、六谷迷、石粟子、苡米**）

Coix 古希腊语薏苡的名字。

lacryma-jobi 泪珠状的（lacryma），jobi 是“tear of Job”（薏苡）隐喻性的拉丁语翻译。林奈于 1753 年定名。

301. ***Colchicum autumnale* 百合科　秋水仙属　秋水仙**

Colchicum 科尔基斯的。科尔基斯（Colchis）是格鲁吉亚（今高加索地区）的一个地区的名字。它也是一个古希腊的名字。在希腊传说中，Colchis 在离希腊很远很远的黑海岸边，是希腊神话中阿尔戈英雄（Argonauts）的目的地，因为那里是最美的姑娘美狄亚（Medea，即科尔基斯国王 Aeëtes 的女儿）和一件稀世之宝——金羊毛的所在地。

autumnale 秋天的、秋天开花的。

302. ***Coleus scutellarioides* 唇形科　鞘蕊花属　五彩苏**（**洋紫苏、锦紫苏**）

Coleus 睾丸、阴囊。

scutellarioides 像黄芩的。*Scutellaria*，黄芩属。

303. ***Colocasia esculenta* 天南星科　芋属　芋**（**芋头、水芋、芋岌、毛艿、毛芋、青皮叶、接骨草、独皮叶、土芝、莒、蹲鸱** [chī]）

Colocasia 源于古希腊语的 kolokasion，意为“芋头”。公元 1 世纪希腊的医生和植物学家佩达纽斯·迪奥斯科里季斯（Dioscorides）最早指的是芋头与荷花可食用的根。芋头在亚洲的栽培史可能超过了 1 万年。芋头在美国海湾沿岸的湿地被列为一个外来入侵物种，排挤当地物种。

esculenta 可吃的、可食用的。

C

304. ***Commelina communis*** **鸭跖草科　鸭跖草属　鸭跖草（碧竹子、翠蝴蝶、淡竹叶）**

Commelina 瑞典植物学家林奈于18世纪定名，为了纪念荷兰植物学家Jan Commelijn和他的侄子Caspar而命名，根据林奈的意思，他们每人代表一个华丽的花瓣。

communis 生成群落的、普通的。

305. ***Consolida ajacis*** **毛茛科　飞燕草属　飞燕草（大花飞燕草、鸽子花、百部草、鸡爪连、千鸟草、萝小花、千鸟花）**

Consolida 不同部分聚集极紧密的。

ajacis 希腊英雄阿贾克斯（Ajax）的。阿贾克斯是Telemon的儿子。传说从他的鲜血中生长出了带有标记的风信子。

306. ***Convallaria majalis*** **百合科　铃兰属　铃兰（草玉玲、君影草、香水花、鹿铃、小芦铃、草寸香、糜子菜、芦藜花）**

Convallaria 环绕的。

majalis 五月开花的。

307. ***Convolvulus arvensis*** **旋花科　旋花属　田旋花（中国旋花、箭叶旋花、扶田秧、扶秧苗、白花藤、面根藤、三齿草藤、小旋花、燕子草、田福花）**

Convolvulus 席卷的、旋转的（指花）。指本属植物叶或花卷的方式。

arvensis 在田野的、生于田间或耕地的。

308. ***Conyza bonariensis*** **菊科　白酒草属　香丝草（苏门白酒草、苏门白酒菊、野塘蒿、野地黄菊、蓑衣草）**

Conyza 希腊语，意为“具有强烈味道的植物”。

bonariensis 阿根廷的布宜诺斯艾利斯（Buenos Aires）。还有其他几种说法：加勒比海岛名，Bonaire是加勒比海中的背风安的列斯群岛，Bonari是伊朗的一个地名。

309. ***Conyza canadensis*** **菊科　白酒草属　小蓬草（加拿大蓬、飞蓬、小飞蓬）**

Conyza 同前。

canadensis 加拿大的。

310. ***Coptis chinensis*** **毛茛科　黄连属　黄连（味连、川连、鸡爪连）**

Coptis 源于希腊语的 kopto，意为“切割”。指该属植物深裂如切的叶。

chinensis 中国的。

311. ***Cordyline fruticosa*** **百合科　朱蕉属　朱蕉（铁树）**

Cordyline 棍棒状的。源于希腊语的 kordyle，意为“棍棒、肿瘤”。指本属某些种巨大而肉质的根。

fruticosa 成灌木的。

312. ***Coreopsis lanceolata*** **菊科　金鸡菊属　剑叶金鸡菊(大金鸡菊、线叶金鸡菊）**

Coreopsis 希腊语 koris，意为“臭虫”；-opsis，意为“像……的”。指瘦果的形状像臭虫。

lanceolata 披针形的。

313. ***Coreopsis tinctoria*** **菊科　金鸡菊属　两色金鸡菊（蛇目菊）**

Coreopsis 同前。

tinctoria 染色的、染色之物的、染料的、可做染料的、着色用的、染色用的、产生颜色的。

314. ***Coriandrum sativum*** **伞形科　芫 [yán] 荽属　芫荽（香菜、香荽、胡荽）**

Coriandrum 古希腊哲学家、自然科学家泰奥弗拉斯托斯（Theophrastus，约公元前 372—约公元前 287）使用的香菜（*C. sativum*）的名字。

sativum 栽培的。

315. ***Corispermum patelliforme*** **藜科　虫实属　碟果虫实**

Corispermum 希腊语 koris，意为“小虫”；spermum，意为“种子”。指种子像小虫。

patelliform 或 *patellaris* 小碟形的。

316. ***Cortaderia selloana*** **禾本科　蒲苇属　蒲苇**

C

Cortaderia 源于阿根廷西班牙语 cortadera，意为“叶缘具锐利的锯齿”。

selloana 德国植物学家和自然学家 Friedrich Sellow（1789—1831），曾研究过南美洲的植物，尤其是巴西的植物。该种由 Josef August 和 Julius Hermann Schultes 于 1827 年定名。

317. ***Corydalis bungeana*** **罂粟科　紫堇属　地丁草（紫堇、彭氏紫堇、布氏地丁、苦地丁、苦丁、紫花地丁）**

Corydalis 希腊语 korydalís，意为“凤头百灵”。

bungeana 俄国草本学家、医生 A. von Bunge（1813—1866）。

318. ***Corydalis caudata*** **罂粟科　紫堇属　小药八旦子（土元胡、元胡、北京元胡）**

Corydalis 同前。

caudata 具尾巴的。

319. ***Corylus avellana*** **桦木科　榛属　欧榛**

Corylus 拉丁语，意为“隐藏的花萼”。

avellana 普林尼（Pliny）所用的名字，原指榛树的坚果。另一说：意大利亚平宁山脉的 Fonte Avellana（Avella）。

320. ***Corylus heterophylla*** **桦木科　榛属　榛（榛子）**

Corylus 同前。

heterophylla 异形叶的。hetero-，异形的；phylla，叶的。

321. ***Cosmos bipinnata*** **菊科　秋英属　秋英（大波斯菊、波斯菊）**

Cosmos 源于希腊语的 kosmeo，意为“装饰、穿着、

装潢、美丽”。

bipinnata 二回羽状复叶的。bi-，二；pinnata，羽毛状的。

322. ***Cosmos sulphureus* 菊科　秋英属　黄秋英（硫华菊）**

Cosmos 同前。

sulphureus 硫磺色的。

C

323. ***Costus curvibracteatus* 姜科　闭鞘姜属　红闭鞘姜（闭鞘姜）**

Costus 闭鞘姜属植物在南亚地区的俗名。

curvibracteatus 具弯曲苞片的。curvi-，弯曲的；bracteatus，有苞片的。

324. ***Cotinus coggygria* 漆树科　黄栌属　黄栌（黄栌木、黄栌树、黄栌台、摩林罗、黄杨木、乌牙木、烟树）**

Cotinus 拉丁语 cotinus，为一种可提取黄色染料的植物。另一说：拉丁语，一种含色素的灌木，即黄栌。

coggygria 黄栌的古希腊语名字。

325. ***Cotoneaster horizontalis* 蔷薇科　栒子属　平枝栒子（栒刺木、岩楞子、山头姑娘、平枝灰栒子、矮红子、被告惹）**

Cotoneaster 像榅桲 [wēnpo] 的。希腊语 kotoneon，意为“榅桲”；aster，意为“相似”。指本属植物的叶似榅桲的叶。

horizontalis 意为“水平的、平展的”。指本种枝条近水平展开。

326. ***Cotoneaster multiflorus* 蔷薇科　栒子属　水栒子（栒子木、多花栒子、多花灰栒子、灰栒子、香李）**

Cotoneaster 同前。

multiflorus 多花的。multi-，多的；florus，花。

327. ***Crassocephalum crepidioides* 菊科　野茼蒿属　野茼蒿（草命菜）**

Crassocephalum 拉丁语 crassus，意为“厚的”；希腊

语 kephale，意为“头”。指肉质状的叶和头状的花序。

crepidioides 像还阳参的。*Crepis*，还阳参属；oides，像……的。

328. ***Crassula ovata* 景天科　青锁龙属　燕子掌（玉树、景天树、八宝、看青、冬青、肉质万年青、豆瓣掌）**

Crassula 粗厚的、肥厚的。

ovata 卵形的。指其叶呈卵形。

329. ***Crataegus pinnatifida* 蔷薇科　山楂属　山楂(山里红)**

Crataegus 希腊语 krataigos，是一种多刺灌木。指本属植物常具枝刺。

pinnatifida 羽状裂的。pinnati-，羽状的；fida，裂的。指本种的叶为羽状裂。

330. ***Crateva unilocalaris* 山柑科　鱼木属　树头菜（刺苞菜）**

Crateva 古希腊（公元前 1 世纪）米特莱德兹六世（Mythridates VI）的医生和艺术家 Cratevas（Creteuas）。

unilocalaris 具单室子房的。

331. ***Crepis flexuosa* 菊科　还阳参属　弯茎还阳参**

Crepis 源于希腊语的 krepis，意为“拖鞋或凉鞋”。可能是指植物果实的形状像拖鞋或凉鞋。

flexuosa 曲折的、蜿蜒状的。

332. ***Crinum latifolium* 石蒜科　文殊兰属　西南文殊兰(红花文殊兰)**

Crinum 百合花。

latifolium 宽叶的。lati-，宽的；folium，叶。

333. ***Crocus sativus* 鸢尾科　番红花属　番红花（藏红花、西红花）**

Crocus 指植物藏红花。来自希腊语的 krokos，而 krokos 又可能是一个源于闪语的外来词，与希伯来语的 karkōm、亚拉姆语的 kurkama、阿拉伯语的 kurkum

有关，意为“藏红花”（*Crocus sativus*）。另一说：该词最终可追溯到梵语的 kunkumam，意为“藏红花”。

sativus 栽培的。

334. ***Crossostephium chinense* 菊科　芙蓉菊属　芙蓉菊（香菊、玉芙蓉、千年艾、蕲艾）**

Crossostephium 希腊语 krossos，意为“边缘”（a fringe）；stephein，意为“带冠”。指头状花序（穗）上的果实或新叶。

chinense 中国的。

335. ***Croton tiglium* 大戟科　巴豆属　巴豆（巴菽 [shū]、刚子、老阳子、巴霜刚子、巴仁、猛子仁、双眼龙）**

Croton 源于希腊语的 krótos，意为“壁虱”。指本属植物的种子形状像壁虱。

tiglium 拉丁语，指巴豆种子（grana tiglia 或 grana tilli）。Tiglium 或 tillus 也许源于希腊语的 tilos，意为“腹泻、拉稀”。指该植物的种子具有引起腹泻的功能。

336. ***Cryptomeria fortunei* 杉科　柳杉属　柳杉（长叶孔雀松）**

Cryptomeria 希腊语 karyptos，意为“隐藏的”；meros（merox），意为“部分”。指该属植物无苞鳞。

fortunei 苏格兰植物学家、植物采集人、旅行家和茶叶间谍 Robert Fortune（1812—1880）。他最有名的事是代表不列颠东印度公司从中国偷窃茶树：Fortune 曾不择手段地偷窃中国的茶树和茶树苗，当时这些茶树都被视为中国皇帝的宝贵财产。他专门在印度东北部的避暑胜地大吉岭建立了温室，以栽培其偷来的 20 000 多株茶树和茶树苗。他还非法将中国的一批经验丰富的茶农带到此地，为其生产茶叶。这些茶树和茶农成为后来印度茶叶生产繁荣并与中国竞争的基础。现在印度著名的大吉岭茶就来源于 Fortune 偷窃。大

吉岭茶是印度大吉岭地区产的一种红茶，因为其冲泡后浅金色的光泽和麝香葡萄一样的口感而备受赞赏。

337. ***Cucumis sativus* 葫芦科　黄瓜属　黄瓜（胡瓜）**
Cucumis 普林尼（Pliny）所用的名字，指为罗马皇帝提庇留（Tiberius Claudius Nero Caesar）所种的黄瓜。
sativus 栽培的。

C

338. ***Cucurbita moschata* 葫芦科　南瓜属　南瓜（倭 [wō] 瓜、番瓜、饭瓜、番南瓜、北瓜）**
Cucurbita 是南瓜的拉丁语名字。
moschata 具麝香味的。

339. ***Cudrania tricuspidata* 桑科　柘 [zhè] 属　柘（奴拓、灰桑、黄桑、棉拓、拓树）**
Cudrania 源于马来语的 cadrang，是一种当地植物的名字。另一说：源于希腊语的 kudros，意为“光荣的”。
tricuspidata 三凸头的。tri-，三；cuspidata，尖头的。指本种的叶有时三浅裂。

340. ***Cunninghamia lanceolata* 杉科　杉木属　杉木（沙木、沙树、正杉、正木、木头树、刺杉、杉）**
Cunninghamia 供职于东印度公司的苏格兰外科医生 James Cunningham（?—1709）。Cunningham 曾在中国采集过植物，是杉木发现人。
lanceolata 披针形的。指本种的叶为披针形。

341. ***Cuphea hookeriana* 千屈菜科　萼距花属　萼距花**
Cuphea 源于希腊语的 kyphos，意为“弯曲的或有瘤的”。
hookeriana 英国 19 世纪伟大的植物学家和探险家 Joseph Dalton Hooker 爵士（1817—1911）。Hooker 是植物地理学的奠基人，也是达尔文的好友，曾任英国皇家植物园——邱园的主任达 20 年。

342. ***Curculigo capitulata* 石蒜科　仙茅属　大叶仙茅（野棕、假槟榔树）**

Curculigo 象鼻虫。指果实具喙部，像象鼻虫。

capitulata 头状的。

343. ***Cuscuta chinensis*** **旋花科　菟丝子属　菟丝子（黄丝、豆寄生、龙须子、豆阎王、山麻子、无根草、金丝藤、鸡血藤、黄丝藤、无叶藤、无根藤、无娘藤、雷真子、禅真）**

Cuscuta 菟丝子（dodder）中世纪时的名字。

chinensis 中国的。

344. ***Cycas revoluta*** **苏铁科　苏铁属　苏铁（铁树、辟火蕉、凤尾蕉、凤尾松、凤尾草）**

Cycas 源于希腊语的 kykas，是一种生长在埃及的棕榈。指本属植物的外形似棕榈。

revoluta 外卷的、反卷的。指本种的叶裂片边缘反卷。

345. ***Cyclamen persicum*** **报春花科　仙客来属　仙客来（兔耳花、兔子花、一品冠）**

Cyclamen 圆圈、圆的、圆形的。指本属植物的结果茎弯曲。

persicum 波斯的（现伊朗的）。

346. ***Cynanchum auriculatum*** **萝藦科　鹅绒藤属　牛皮消（飞来鹤、耳叶牛皮消、隔山消、牛皮冻、何首乌、瓢瓢藤、老牛瓢、七股莲）**

Cynanchum 扼杀狗的。源于希腊语的 kynos，意为“狗”；anchein，意为“扼杀”。而该属中的一些种在英语中也被称作“扼狗藤”（dog-strangling vine）。

auriculatum 耳朵、听觉、耳状的。指叶的形状像耳朵。

347. ***Cynanchum chinense*** **萝藦科　鹅绒藤属　鹅绒藤（祖子花）**

Cynanchum 同前。

chinense 中国的。

348. ***Cynanchum paniculatum*** **萝藦科　鹅绒藤属　徐长卿**

（尖刀儿苗、铜锣草、黑薇、了刁竹、蛇利草、药王、线香草、牙蛀消、一枝香、土细辛、柳叶细辛、竹叶细辛、钩鱼竿、逍遥竹、一枝箭、白细辛、对节莲、獐耳草、对月莲）

C

Cynanchum 同前。

paniculatum 圆锥花序的、下垂的。

349. ***Cynanchum thesioides*** **萝藦科　鹅绒藤属　地梢瓜（地梢花、女青）**

Cynanchum 同前。

thesioides 像百蕊草的。*Thesium*，檀香科百蕊草属。

350. ***Cynodon dactylon*** **禾本科　狗牙根属　狗牙根（绊根草、爬根草、咸沙草、铁线草）**

Cynodon 狗牙。来自希腊语，意为“狗牙”。

dactylon 手指状的。指花序（穗）像手指的形状。

351. ***Cynoglossum amabile*** **紫草科　琉璃草属　倒提壶（蓝布裙、狗屎花、狗屎萝卜、狗屎蓝花、贴骨散、大肥根）**

Cynoglossum 拉丁语，源于希腊语，意为“狗的舌头”。指该属植物花叶像狗的舌头。

amabile 可爱的。

352. ***Cynoglossum lanceolatum*** **紫草科　琉璃草属　小花琉璃草**

Cynoglossum 同前。

lanceolatum 披针形的。指本种叶为披针形。

353. ***Cynoglossum zeylanicum*** **紫草科　琉璃草属　琉璃草**

Cynoglossum 同前。

zeylanicum 锡兰（现斯里兰卡）的。

354. ***Cynomorium songaricum*** **锁阳科　锁阳属　锁阳（乌兰高腰、地毛球、羊锁不拉）**

Cynomorium 新拉丁语，源于希腊语的 kynomorion，意为“摇摆、蹒跚、菟丝子”。

songaricum 中国准噶尔的。

355. ***Cyperus alternifolius* 莎草科　莎草属　风车草　轮叶莎草**

Cyperus 希腊语 kyperos，意为“莎草”（sedge）。

alternifolius 互生叶的。alterni-，交互的；folia，叶。指本种的叶为互生。

C

356. ***Cyperus difformis* 莎草科　莎草属　异型莎草（球穗碱草）**

Cyperus 同前。

difformis 二形的。di-，二；formis，形状。

357. ***Cyperus papyrus* 莎草科　莎草属　纸莎草（纸草、埃及莎草、埃及纸草）**

Cyperus 同前。

papyrus 纸的、用于造纸的。

358. ***Cyperus rotundus* 莎草科　莎草属　香附子（莎草、香头草）**

Cyperus 同前。

rotundus 圆形的。

359. ***Cyphomandra betacea* 茄科　树番茄属　树番茄**

Cyphomandra 希腊语 kyphos，意为“弯曲的、有肉峰的、有瘤的”；aner 或 andros，意为“雄性的、花药、雄蕊”。指花药相互连接。

betacea 像恭菜的。*Beta*，藜科恭菜属。

360. ***Cypripedium macranthum* 兰科　杓兰属　大花杓兰**

Cypripedium 希腊神话中爱与美女神的凉鞋。后期拉丁语（公元 150—700 年）为 Cypris，源于古希腊语的 kypris。最早指希腊神话中的人物阿佛洛狄忒（Aphrodite），是古希腊神话中的爱与美女神，是奥林匹斯十二主神之一，在罗马神话中被称为维纳斯。阿佛洛狄忒不只是爱与美女神，她也是司管人间一切爱

情的女神。阿佛洛狄忒生于大海的浪花中，拥有白瓷般的肌肤，是个金发碧眼的美女。希腊语的 pedilon，意为“凉鞋”。指花的形状像凉鞋。

macranthum 大花的。macr-，大的；anthum，花。

361. ***Cypripedium shanxiense*** **兰科　杓兰属　山西杓兰**

Cypripedium 同前。

D

shanxiense 山西的。

362. ***Dalbergia odorifera*** **豆科　黄檀属　降香（降香檀、花梨母）**

Dalbergia 在苏里南的瑞典种植园主、雇佣兵 Carl Gustav Dahlberg（1721—1781），曾为林奈采集植物标本。他的兄弟 Nils Ericsson Dahlberg 是植物学家和医生，1755 年师从林奈，1768 年做过古斯塔夫三世的私人医生，曾两次担任过瑞典科学院的院长。

odorifera 具香味的、馥 [fù] 郁的。

363. ***Datura metel*** **茄科　曼陀罗属　洋金花（白曼陀罗、白花曼陀罗、风茄花、喇叭花、闹羊花、枫茄子、枫茄花）**

Datura 带刺的苹果。源于喀什米尔语的，意为“刺苹果”。datur 又源于梵语的 dhattūra，意为“白色刺苹果”（指大花曼陀罗 *Datura metel*）。另一说：是该植物印地语的名称 dhatūra，最早源于梵语的 dhattūra，意为“白色刺苹果”。

metel 金属的。

364. ***Datura stramonium*** **茄科　曼陀罗属　曼陀罗（枫茄花、狗核桃、万桃花、洋金花、野麻子、醉心花、闹羊花）**

Datura 同前。

stramonium 疯的龙葵。希腊语“龙葵”和“疯的”两个词的合成词。

365. ***Davidia involucrata*** **蓝果树科　珙桐属　珙桐（空桐）**

Davidia 法国传教士 J. P. A. David（1828—1900）。David 中文名叫作谭卫道，生于法国南部。曾在中国采集植物标本。1862 年，他被教会选中，派遣到中国传教。1862—1866 年，他在中国华北地区采集动植物标本，曾远达内蒙古阿拉善地区。一生采集了四不像（法国动物学家 A. Milne-Edwards 以谭卫道的姓氏将该种命名为 *Elaphurus davidianus*）、大熊猫 [同样是 A. Milne-Edwards 将其命名为 *Ailuropoda*（具有熊脚的）*melanoleuca*（黑白色的）]、珙桐（H. E. Baillon 将其命名为 *Davidia involucrata*）。法国巴黎自然史博物馆的佛朗谢（A. Franchet）命名了近 2000 种中国植物，这些植物多由 3 个法国天主教神甫（谭卫道 J. P. A. David、赖神甫 P. J. M. Delavay 和法尔日 P. Farges）采集。

involucrata 具总苞的。指其花序下有白色叶状大苞片。

366. ***Delonix regia* 豆科　凤凰木属　凤凰木（凤凰花、红花楹 [yíng]、火树）**

Delonix 源于希腊语的 delos，意为“明显的”;onyx，意为“爪”。指其花瓣具明显的爪。

regia 古代帝王的、属于帝王的、高贵的。

367. ***Delphinium grandiflorum* 毛茛科　翠雀属　翠雀（鸽子花、百部草、鸡爪莲）**

Delphinium 海豚。源于拉丁语的 dolphin。指植物蜜槽（蜜腺）的形状像海豚。

grandiflorum 大花的。grandi-，大的；florum，花。

368. ***Dendrobenthamia japonica* var. *chinensis* 山茱萸科　四照花属　四照花（日本四照花、东瀛四照花）**

Dendrobenthamia 木本 Benthamia。*Benthamia* 为兰科的一属。

japonica 日本的。

chinensis 中国的。

369. ***Dendrobium nobile* 兰科　石斛 [hú] 属　石斛（金钗石斛）**

Dendrobium 树上的生命。希腊语 dendron，意为“树”；bios，意为“生命”。指一个生活在树上的生命，或“附生”。指该属植物常生于其他树上。

nobile 高尚的、尊贵的。

370. ***Descurainia sophia* 十字花科　播娘蒿属　播娘蒿**

Descurainia 法国医生 Francois Descourain（1658—1740）。

sophia 智慧、明智、知识、学问。指该种在医疗方面的应用。

371. ***Desmodium reticulatum* 豆科　山蚂蝗属　显脉山绿豆（山地豆、假花生）**

Desmodium 聚合为一的（jointed-one）。指果实浅裂。

reticulatum 网状的。指叶背侧脉显著隆起如网。

372. ***Desmos chinensis* 番荔枝科　假鹰爪属　假鹰爪（山指甲、狗牙花、酒饼叶、酒饼藤、鸡脚趾、鸡爪枝、爪芋根、鸡爪叶、鸡爪笼、鸡爪木、鸡爪风、鸡爪根、鸡爪香、鸡爪珠、鸡肘风、鸡香草、灯笼草、五爪龙、双柱木、黑节竹、碎骨藤、复轮藤、波蔗、朴蛇、半夜兰）**

Desmos 肉质的、多肉的、（似）肉的、肥胖的、系紧、捆绑。

chinensis 中国的。

373. ***Deutzia grandiflora* 虎耳草科　溲 [sōu] 疏属　大花溲疏（华北溲疏）**

Deutzia 18 世纪荷兰植物学家、法理学家和商人 Jean Deutz（Jan van der Deutz）（1743—1784）。Thunberg 的朋友和赞助人。

grandiflora 大花的。grandi-，大的；flora，花。

374. ***Deutzia parviflora*** **虎耳草科　溲疏属　小花溲疏（唐溲疏）**

Deutzia 同前。

parviflora 小花的。parvi-，小的；flora，花。

375. ***Dianthus chinensis*** **石竹科　石竹属　石竹(兴安石竹、北石竹、钻叶石竹、蒙古石竹、丝叶石竹、高山石竹、辽东石竹、长萼石竹、长苞石竹、林生石竹、三脉石竹)**

Dianthus 宙斯之花。Dianthus 源于希腊语 Dios，意为“宙斯的”；anthos，意为“花”。古希腊哲学家、自然学家、植物学家泰奥弗拉斯托斯（Theophrastus，约公元前 372—约公元前 287）所用的名称。

chinensis 中国的。

376. ***Dianthus superbus*** **石竹科　石竹属　瞿麦**

Dianthus 同前。

superbus 华丽的、宏大的、优越的、骄傲的、傲慢的。

377. ***Dicentra spectabilis*** **罂粟科　荷包牡丹属　荷包牡丹（鱼儿牡丹、活血草、土当归、荷包花、耳环花）**

Dicentra 具两个马刺的。希腊语 dís，意为“二”；kéntron，意为“马刺”。

spectabilis 值得注意的、显著的、重要的。

378. ***Dichondra repens*** **旋花科　马蹄金属　马蹄金（荷苞草、肉馄饨草、金锁匙、小马蹄金、黄疸 [dǎn]（胆）草、金钱草、小金钱草、玉馄饨、小元宝草、铜钱草、落地金钱、小半边钱、小铜钱草、小金钱、小灯盏、金马蹄草）**

Dichondra 希腊语 dis，意为“二”；chondros，意为“谷粒、粮食”。指该属植物的种子。

repens 匍匐生的、爬行的。

379. ***Dichotomanthus tristaniaecarpa*** **蔷薇科　牛筋条属　牛**

筋条（红眼睛、白牛筋）

Dichotomanthus 二歧（二叉）花的。dichotomus，二歧的、二叉的；anthus，花。

tristaniaecarpa 像红胶木果的。*Tristania*，桃金娘科红胶木属 。

380. ***Dichrocephala auriculata*** **菊科　鱼眼草属　鱼眼草**

Dichrocephala 具二色头的。dichro-，有二色的；cephala，头的。

auriculata 耳朵、听觉，耳状的。

381. ***Dicranostigma leptopodum*** **罂粟科　秃疮花属　秃疮花（秃子花、勒马回）**

Dicranostigma 具叉状雄蕊的。dicrano-，叉状的；stigma，雄蕊的。

leptopodum 细根（枝）的。希腊语 leptos，意为“薄的、细的”；pod-，意为“脚、足”。

382. ***Dieffenbachia picta*** **天南星科　花叶万年青属　花叶万年青**

Dieffenbachia 维也纳植物园主任 Heinrich Wilhelm Schott 为纪念他的上司、园艺学家 Joseph Dieffenbach（1796—1863）而取名。

picta 图画的、装饰的、画、染色、画肖像、描述。

383. ***Digitalis purpurea*** **玄参科　毛地黄属　毛地黄（洋地黄）**

Digitalis 掌状的、指形的、指状的、有指的、有趾的、趾状的。

purpurea 紫色的。

384. ***Digitaria sanguinalis*** **禾本科　马唐属　马唐**

Digitaria 掌状的、指形的、指状的、有指的、有趾的、趾状的。

sanguinalis 血红色的。

385. ***Dimocarpus longan*** **无患子科　龙眼属　龙眼（圆眼、桂圆、羊眼果树）**

Dimocarpus 具二形果的。dimo-，二形的；carpus，果。另一说：希腊语 dim=deim，畏惧的；carpus，果。

longan 中国名字“龙眼”的音译。

386. ***Drosera indica*** **茅膏菜科　茅膏菜属　长叶茅膏菜（捕蝇草、满露草）**

Drosera 希腊神话中的冰海女神狄俄涅（Dione），洋流女神之一，她和宙斯生下了爱和美女神阿佛洛狄忒，在忒斯普洛提亚的多多纳最受崇拜。后来的神话中她和赫拉混同。

indica 印度的。

387. ***Dioscorea nipponica*** **薯蓣科　薯蓣 [shǔyù] 属　穿龙薯蓣（穿山龙、山常山）**

Dioscorea 公元 1 世纪希腊的医生和植物学家佩达纽斯·迪奥斯科里季斯（Dioscorides）。

nipponica 日本的。

388. ***Dioscorea opposita*** **薯蓣科　薯蓣属　薯蓣（野山豆、野脚板薯、面山药、淮山）**

Dioscorea 同前。

opposita 对生的。

389. ***Diospyros kaki*** **柿科　柿属　柿**

Diospyros 希腊语 dios，意为希腊神话中的“宙斯”；pyros，意为“谷物”，指果实可食。另一说：拉丁语 dios，来自希腊语的 zeus，宙斯；pyros，果实。

kaki 该植物日语的译音。

390. ***Diospyros lotus*** **柿科　柿属　君迁子（软枣、黑枣、牛奶柿）**

Diospyros 同前。

lotus 百脉根的。*Lotus*，豆科百脉根属。

391. ***Docynia delavayi* 蔷薇科　移[木衣]属　云南移[木衣]（西南移[木衣]、桃姨）**

Docynia 将 *Cydonia*（蔷薇科榅桲属）颠倒字母而成（即将 Cydonia 中的前两个字母“Cy”挪到“do”的后面而成的新属名）。

delavayi 法国传教士 Delavayi。据史料记载，从公元 1253 年马可 · 波罗到大理苍山起，相继有法国传教士 Delavayi（1883 年），英国植物学家 George Forrest（1904 年）、Tenward（1911 年），奥地利博物学家 Hande Maxxetti（1913 年），美国人 Locher（1947 年）等在苍山及周围进行了大规模的植物采集活动。其中 Delavayi 和 George Forrest 在苍山进行了多次采集，并将大量的植物标本和种苗海运回国。Delavayi 一共在苍山及滇西一带采集到 4000 多种植物标本，其中有 1500 多个是新种。后来这些新种很多是以他的名字命名，种加词 *delavayi* 几乎等同于 *yunnanensis*。该种定名的模式标本至今仍保存陈列在大英博物馆内。

392. ***Dracaena cambodiana* 百合科　龙血树属　海南龙血树**

Dracaena 母龙。古希腊语 drakaina 罗马语化后的词，意为“母龙”。

cambodiana 柬埔寨的。

393. ***Dracaena cochinchinensis* 百合科　龙血树属　剑叶龙血树**

Dracaena 同前。

cochinchinensis 越南的南圻 [qí]。区域包括今越南南部占该国国土 1/3 的地区，该区内的主要城市是西贡市（胡志明市）。

394. ***Dracaena draco* 百合科　龙血树属　龙血树（马骡蔗树、狭叶龙血树、长花龙血树、不才树、竹木参）**

Dracaena 同前。

draco 龙。dra-，龙的。林奈用拉丁语传说中的龙作为种加词，可能指树木受伤后伤口变成血红色，被人们称为龙血。

395. ***Dracaena fragrans*** **百合科　龙血树属　巴西铁木（香龙血树、巴西木、巴西铁树）**

Dracaena 同前。

fragrans 有香味的、芳香的。

396. ***Dracaena reflexa*** **百合科　龙血树属　千年木（百合竹）**

Dracaena 同前。

reflexa 向后弯的、向后转的、翻转的。

397. ***Dracaena sanderiana*** **百合科　龙血树属　富贵竹（万寿竹、距花万寿竹、开运竹、富贵塔）**

Dracaena 同前。

sanderiana 德国出生的英国植物采集人、园丁和兰科专家 Henry Frederick Conrad Sander（1847—1920）。

398. ***Dregea volubilis*** **萝藦科　南山藤属　南山藤（假夜来香、春筋藤、双根藤、大果咀彭、假猫豆、各山消、苦凉菜、苦菜藤）**

Dregea 德国植物标本采集者、园艺学家、植物学探险家和旅行家 Johann Franz Drège（De Rège）（1794—1881）。也包括他做药剂师的兄弟 Carl Friedrich Drège（1791—1867），曾在非洲工作、采集标本多年。

volubilis 缠绕的。

399. ***Drosera rotundifolia*** **茅膏菜科　茅膏菜属　圆叶茅膏菜（毛毡苔）**

Drosera 露珠。源于希腊语的 drosos，意为“露水、露珠”。指在其触须上闪光的黏液珠，在阳光下闪闪发光。看上去很像早晨的露珠。

rotundifolia 圆叶的。rotundi-，圆的；folia，叶。

400. ***Duranta erecta*** **马鞭草科　假连翘属　直立假连翘**

Duranta 意大利草本学家、诗人和克斯图斯五世教皇（Pope Sixtus V）的私人医生 Castore Durante（1529—1590），著有《健康的财富》（*The Treasure of Health*）一书。

erecta 直立的、垂直（竖立）的。

401. ***Duranta repens*** **马鞭草科　假连翘属　假连翘（莲荞、番仔刺、洋刺、花墙刺、篱笆树）**

Duranta 同前。

repens 匍匐生的、爬行的。

402. ***Durio zibethinus*** **木棉科　榴莲属　榴莲**

Durio 刺。源于马来 - 印度尼西亚语的 duri，意为“刺”。指该属植物果实上具有大量刺状突起物 。

zibethinus 麝猫的。指人们曾用榴莲难闻的气味捕捉亚洲麝猫（*Vivera zibetha*）。

403. ***Echinochloa crusgalli*** **禾本科　稗 [bài] 属　稗（稗子、扁扁草）**

Echinochloa 希腊语 echinos，意为“刺猬”; chloa，意为“草”。指该属里一些植物的小穗上具有很多硬毛，看上去像个刺猬。

crusgalli 鸡距的。

404. ***Echinops gmelini*** **菊科　蓝刺头属　砂蓝刺头**

Echinops 像刺猬的。echino-，刺猬；-ops，像……的。

gmelini 德国自然学家、植物学家、昆虫学家、爬虫学家和软体动物学家 Johann Friedrich Gmelin（1748—1804）。

405. ***Echinops sphaerocephalus*** **菊科　蓝刺头属　蓝刺头**

Echinops 同前。

sphaerocephalus 圆球形头的。sphaero-，圆形的；cephalus，头。指本种的花序呈圆头状。

406. ***Eclipta prostrata* 菊科　鳢 [lǐ] 肠属　鳢肠（旱莲草、墨莱）**

Eclipta 意为“不足的、缺乏的、有缺陷的、不充分的、短少”。指该属植物的瘦果缺少冠毛。

prostrata 匍匐的、延伸的、平卧的。指该种的茎是匍匐的。

407. ***Edgeworthia chrysantha* 瑞香科　结香属　结香（黄瑞香、打结花、雪里开、梦花、雪花皮、山棉皮、蒙花、三叉树、三椏皮、岩泽兰、金腰带）**

Edgeworthia 爱尔兰出生的业余植物学家、英国在印度的殖民地旁遮普邦（印度西北的一个邦）的警察局长 Michael Pakenham Edgeworth，为了纪念他的姐姐、作家 Maria Edgeworth 而取名。

chrysantha 金黄色花的。指本种花为金黄色。

408. ***Eichhornia crassipes* 雨久花科　凤眼蓝属　凤眼蓝（凤眼莲、水浮莲、水葫芦）**

Eichhornia 普鲁士人 J. A. F. Eichhorn（1779—1856）。

crassipes 粗柄的。

409. ***Elaeagnus angustifolia* 胡颓 [tuí] 子科　胡颓子属　沙枣（七里香、香柳、刺柳、桂香柳、银柳、银柳胡颓子、牙格达、红豆）**

Elaeagnus 似牡荆（柳）的洋橄榄。希腊语 elaion，意为“洋橄榄”；agnos，意为“牡荆”。另一说：希腊语 elaia，意为“木犀榄”；agnus，指似柳树的一种植物。

angustifolia 狭叶的。angusti-，狭窄的；folia，叶。

410. ***Elaeagnus conferta* 胡颓子科　胡颓子属　密花胡颓子**

Elaeagnus 同前。

conferta 密集的。指该种的花紧密聚集在一起。

411. ***Elaeis guineensis* 棕榈科　油棕属　油棕（油椰子）**

Elaeis 希腊语 elaeis，意为“油”。指该属植物的果肉、

果仁含油丰富，在各种油料作物中，有“世界油王”之称。用棕仁榨的油叫棕油。

guineensis 几内亚的。指该种原产于几内亚。

412. ***Elaeocarpus decipiens*** **杜英科　杜英属　杜英（假杨梅、梅擦饭、青果、野橄榄、胆八树、橄榄、缘瓣杜英）**

Elaeocarpus 橄榄状果实的。elaeo-，橄榄的；carpus，果实。

decipiens 侦探的、适于探测的、虚假的、欺骗的。

413. ***Elaeocarpus ganitrus*** **杜英科　杜英属　金刚果**

Elaeocarpus 同前。

ganitrus 源于巽[xùn]他语和马来语该植物的名字ganitri。

414. ***Elaeocarpus sylvestris*** **杜英科　杜英属　山杜英（羊屎树、羊仔树）**

Elaeocarpus 同前。

sylvestris 属于森林的、野生的。

415. ***Eleusine indica*** **禾本科　穇[cǎn]属　牛筋草（蟋蟀草）**

Eleusine 希腊地名 Eleusis（埃莱夫西纳，希腊的一个州府，位于雅典西北部约 20 千米，是古希腊最伟大的悲剧作家之一埃斯库罗斯的故乡）。

indica 印度的。

416. ***Elsholtzia ciliata*** **唇形科　香薷[rú]属　香薷（水芳花、山苏子、青龙刀香薷、荆芥、小荆芥、拉拉香、小叶苏子、蜜蜂草、水荆芥、臭香麻、真荆芥、臭荆芥、边枝花、酒饼叶、排香草、香草、野紫苏、鱼香草、香茹草、德昌香薷、蚂蝗痧[shā]、野芝麻、野芭子）**

Elsholtzia 德国植物学家、自然科学家 J. S. Elsholtz（1623—1688）。

ciliata 具睫毛的、具缘毛的。

417. ***Elsholtzia fruticosa*** **唇形科　香薷属　鸡骨柴（双翎**

草、老妈妈棵、瘦狗还阳草、山野坝子、香芝麻叶、紫油苏、大柴胡、小花香棵、扫地茶、酒药花、沙虫药）

Elsholtzia 同前。

fruticosa 成灌木的。

418. ***Elsholtzia kachinensis* 唇形科　香薷属　水香薷（水薄荷、猪菜草、安南木）**

Elsholtzia 同前。

kachinensis 克钦（缅甸北部地名）的。

419. ***Embelia subcoriacea* 紫金牛科　酸藤子属　大叶酸藤子**

Embelia 信筒子（紫金牛科信筒子属）干果实的名字。

subcoriacea 近革质的。sub-，接近的、近似的；coriacea，革质的。

420. ***Emilia sonchifolia* 菊科　一点红属　一点红（红背叶、羊蹄草、野木耳菜、花古帽、牛奶奶、红头草、叶下红、片红青、红背果、紫背叶）**

Emilia 很可能是指意大利的 Emilia 省以及它的首府博洛尼亚。Giovanni Domenico Cassini（1625—1712）曾在博洛尼亚大学里担任天文学教授。另一说：Emilia 也许是某个不知名的人的名字，或许是命名人（Cassini 的重孙）的一个朋友或家人的名字。

sonchifolia 像苦苣菜叶的。*Sonchus*，苦苣菜属；folia，叶。

421. ***Emmenopterys henryi* 茜草科　香果树属　香果树（丁木、大叶水桐子、小冬瓜、茄子树）**

Emmenopterys 持久的、不朽的、忍耐、忍受。

henryi 威尔士植物学家和汉学家 Augustine Henry（1857—1930）。他做过的比较知名的事是他曾向英国邱园寄去 15000 份标本和种子。到 1930 年，他已经成为一个公认的学术权威，并成为了比利时、捷克斯洛伐克、芬兰、法国和波兰等国的学会会员。1929 年，北京植物研究所专门出版了《中国植物图谱》以

向 Henry 献礼。

422. ***Empetrum nigrum* var. *japonicum* 岩高兰科　岩高兰属　东北岩高兰**

Empetrum 在岩石上的。公元 1 世纪希腊的医生和植物学家佩达纽斯·迪奥斯科里季斯（Dioscorides）使用这样的名字是指该属植物的生境多为岩石。但实际上 Dioscorides 原指的是瓣鳞花（*Frankenia pulverulenta*）的生境。

nigrum 黑色的。指果实熟透时呈黑色。

japonicum 日本的。

423. ***Ephedra intermedia* 麻黄科　麻黄属　中麻黄（麻黄）**

Ephedra 希腊语 epi，意为"在……上面"; hedra，"常春藤"。另一说：希腊语，指木贼类植物。

intermedia 中间型的、居中间的。

424. ***Ephedra monosperma* 麻黄科　麻黄属　单子麻黄（小麻黄）**

Ephedra 同前。

monosperma 单个种子的。mono-，单个的、单独的；sperma，种子。

425. ***Ephedra przewalskii* 麻黄科　麻黄属　膜果麻黄（蛇麻黄）**

Ephedra 同前。

przewalskii 沙俄反动军官普尔热瓦尔斯基 N. M. Przewalski。因对中国西北地区的动植物考察而出名。普尔热瓦尔斯基是波兰裔的沙俄军官，曾于 1870—1885 年四次来中国采集动植物标本，曾采集普氏原羚、普氏野马的标本，曾帮助俄罗斯与英法争夺过西藏。他一直全副武装采集标本，残忍野蛮，打死过数十个藏族人。

426. ***Ephedra sinica* 麻黄科　麻黄属　草麻黄（麻黄、华**

麻黄）

Ephedra 同前。

sinica 中国的。

427. ***Epilobium angustifolium*** **柳叶菜科　柳叶菜属　柳兰（铁筷子、火烧兰、糯芋）**

Epilobium 瑞士医生、自然学家、书志学家和语言学者 Conrad Gessner（1516—1565）所用的名字 ion epi lobon，意为“花冠在子房顶部”。

angustifolium 狭叶的。angusti-，狭窄的；folium，叶。

428. ***Epilobium hirsutum*** **柳叶菜科　柳叶菜属　柳叶菜（水朝阳花、鸡脚参）**

Epilobium 同前。

hirsutum 有毛的、毛的。

429. ***Epilobium latifolium*** **柳叶菜科　柳叶菜属　宽叶柳兰**

Epilobium 同前。

latifolium 宽叶的。lati-，宽的；folium，叶。

430. ***Epipremnum aureum*** **天南星科　麒麟叶属　绿萝（魔鬼藤、黄金葛、黄金藤、桑叶）**

Epipremnum 在树（干）上的。指该属植物一般援其他树木的树干生长。

aureum 拉丁语，意为“金色的”。

431. ***Equisetum arvense*** **木贼科　木贼属　问荆（接续草、公母草、搂接草、空心草、马蜂草、节节草、接骨草）**

Equisetum 像马尾巴的。equisetina，属于木贼的，指本种像木贼。另一说：拉丁词根 equi-，马；set-，毛。即马尾巴毛。指本属植物丛生像马尾巴。

arvense 在田野的、生于田间或耕地的。

432. ***Equisetum ramosissimum*** **木贼科　木贼属　节节草（节节木贼）**

Equisetum 同前。

ramosissimum 多分枝的，拉丁语 ramose，意为“多枝的”。

433. ***Eragrostis pilosa* 禾本科　画眉草属　画眉草（星星草、蚊子草）**

Eragrostis 爱之草。来自希腊语的 eros，意为“爱”；agrostis，意为“草”。

pilosa 多毛的。来自拉丁语，意为“多毛的”。

434. ***Erigeron annuus* 菊科　飞蓬属　一年蓬（千层塔、治疟草、野蒿）**

E

Erigeron 清早的老人。源于古希腊语的 êri，意为“黎明、清早”；gérōn，意为“老人”。指该属植物开花后很快形成的具有白毛的果实，或暗指早早出现的种子顶端。*Erigeron* 属中有两个种是达尔文在加拉帕戈斯群岛采集的。寄回英国后，他的好友，著名植物学家 Joseph D. Hooker 分别定名为 *E. tenuifolius*（细叶飞蓬）和 *E. lancifolius*（矛叶飞蓬）。后来，瑞典植物学家 G. Harling 在认真研究了上述两个种后，发现它们不同于其他飞蓬，应独立成属，于是他命名了这个新属为 *Darwiniothamnus*（意为达尔文灌木），Harling 带着崇敬的心情写到“以这种方式纪念达尔文看来是非常合适的”。

annuus 一年生的。

435. ***Eriobotrya japonica* 蔷薇科　枇杷属　枇杷（卢桔）**

Eriobotrya 总花梗被毛的。erio-，绵毛的；botrya，总状的。另一说：希腊语 erion，羊毛；botrys，葡萄。

japonica 日本的。

436. ***Erodium stephanianum* 牻牛儿苗科　牻牛儿苗属　牻牛儿苗（太阳花）**

Erodium 希腊语 epcodioq 或 erodios，意为“鹭”。指果实的形状看上去像鹭的脖颈和头及喙部分。

stephanianum 德国植物学家 Christian Friedrich Stephan

(1757—1814)。曾在莫斯科和圣彼得堡工作过。

437. ***Eryngium foetidum*** **伞形科　刺芹属　刺芹(假芫[yán]荽、节节花、野香草、假香荽、缅芫荽、香菜)**

Eryngium 古希腊哲学家、自然学家泰奥弗拉斯托斯(Theophrastus，约公元前372—约公元前287)原指一种具刺叶的植物。

foetidum 恶臭的、散发出恶臭气味的、具有难闻气味的、臭气熏天的。

438. ***Erythrina corallodendron*** **豆科　刺桐属　龙牙花(象牙红、珊瑚树、珊瑚刺桐)**

Erythrina 红色的。指本属中某些种具深红色的花。

corallodendron 像珊瑚的树木。corallo-，珊瑚的；dendron，树木。

439. ***Eucalyptus globulus*** **桃金娘科　桉属　蓝桉**

Eucalyptus 具有很好的盖的。希腊语 eu，意为“良好的、真实的”；kalyptos 意为“盖、遮蔽”。指该属植物萼片于开放前形成的帽状物包被雄蕊，花瓣与花萼合生成帽状。

globulus 球状的、球形的。指本种的果实呈球形。

440. ***Eucalyptus tereticornis*** **桃金娘科　桉属　细叶桉**

Eucalyptus 同前。

tereticornis 具圆柱状角的。

441. ***Eucommia ulmoides*** **杜仲科　杜仲属　杜仲(丝楝树皮、丝棉皮、棉树皮、胶树)**

Eucommia 希腊语 eu，意为“佳美、优良的”；kommi 意为“树胶”。指其含有优质树胶。

ulmoides 像榆树的。*Ulmus*，榆属；-oides，像……的。

442. ***Eugenia uniflora*** **桃金娘科　番樱桃属　红果仔(巴西红果、番樱桃、蒲红果、棱果蒲桃)**

Eugenia 纪念欧根亲王(Prince Eugene of Savoy) François

Eugène（1663—1736）。欧根亲王，意大利语被译成“尤金亲王”，是拿破仑最崇拜的名将之一。欧根亲王祖先来自意大利（血统上还是萨伏伊王室一脉的），但他出生、成长在法国（其父是法国封的伯爵），一辈子为奥地利效力，死后被上述三国奉为荣耀。

uniflora 单花的。uni-，单的；flora，花。

443. ***Euonymus alatus* 卫矛科　卫矛属　卫矛（鬼箭羽）**

Euonymus 希腊语 euonymos，一种植物名。另一说：希腊语 eu，意为“优良的”；onymus，意为“名声”。

alatus 具翅的。指本种小枝具 4 木栓质硬翅。

444. ***Euonymus japonicus* var. *albo-marginatus* 卫矛科　卫矛属　银边黄杨（冬青卫矛、正木、大叶黄杨）**

Euonymus 同前。

japonicus 日本的。

albo-marginatus 白边的。albo-，白色的；marginatus，边缘。

445. ***Euonymus japonicus* 卫矛科　卫矛属　大叶黄杨（冬青卫矛、正木、大叶黄杨）**

Euonymus 同前。

japonicus 日本的。

446. ***Euonymus maackii* 卫矛科　卫矛属　白杜（明开夜合、丝绵木）**

Euonymus 同前。

maackii 俄国自然科学家 Richard Maack（1825—1886）。

447. ***Euonymus wui* 卫矛科　卫矛属　征镒卫矛**

Euonymus 同前 。

wui 吴征镒。据《中国植物志》：*Ilex mamillata* C. Y. Wu ex Y. R. Li（1985）与曾沧江（1984）代吴征镒教授发表的模式产于广西桂林的 *Ilex mamillata* C. Y. Wu ex C. J. Tseng 重名，但两者不是一个种，为异物同名，故起新名，为纪念吴征镒教授对植物学的贡献及

对冬青科的工作，T. R. Dudley 特以吴姓命名。吴征镒（1916.6.13—2013.6.20），江苏省扬州市人，著名植物学家，1955 年 6 月当选为中国科学院学部委员。由吴征镒定名和参与定名的植物类群多达 1766 个，涵盖 94 科 334 属，其中新属 22 个。是中国植物学家中发现和命名植物最多的一位，改变了中国植物主要由外国学者命名的历史。2008 年 1 月 8 日获得 2007 年国家最高科学技术奖。2011 年 12 月 10 日，国际小行星中心将第 175718 号小行星永久命名为“吴征镒星”。

448. ***Eupatorium coelestinum* 菊科　泽兰属　破坏草（紫茎泽兰）**

Eupatorium 纪念本都国王 Mithridates Eupator（本都是黑海南岸的一个古王国），Eupator 是该属植物模式种具抗病毒特性的发现者。

coelestinum 蓝色、天蓝色。

449. ***Eupatorium odoratum* 菊科　泽兰属　飞机草（解放草、马鹿草、破坏草、黑头草、大泽兰）**

Eupatorium 同前。

odoratum 具气味的、具香甜气味的。指本种花具芳香味。

450. ***Euphorbia cotinifolia* 大戟科　大戟属　紫锦木（俏黄栌）**

Euphorbia 古罗马时代的一名御医 Euphorbos。

cotinifolia 像黄栌叶的。*Cotinus*，黄栌属；folia，叶。指本种的叶形和叶色像黄栌叶。

451. ***Euphorbia esula* 大戟科　大戟属　乳浆大戟（猫眼草、烂疤眼、华北大戟、新疆大戟、太鲁阁大戟、岷县大戟、东北大戟、松叶乳汁大戟、宽叶乳浆大戟、乳浆草）**

Euphorbia 同前。

esula 修道士、历史学家和神学家 Tyrannius Rufinus（344 或 345—411）所用的名字，原指一种大戟。

452. ***Euphorbia helioscopia*** **大戟科　大戟属　泽漆（五朵云、五灯草、五风草）**

Euphorbia 同前。

helioscopia 老普林尼（Pliny the Elder，23—79）在其《自然史》中把泽漆称作 helioscopios。意为"头跟着太阳转"。希腊语 helios，意为"太阳"，指本种具有像向日葵一样的朝阳特性。

453. ***Euphorbia humifusa*** **大戟科　大戟属　地锦（地锦草、铺地锦、田代氏大戟）**

Euphorbia 同前。

humifusa 匍匐地面上的、地面扩散的、摊在地上的、仰卧的。

454. ***Euphorbia milii*** **大戟科　大戟属　铁海棠（虎刺梅、麒麟刺、虎刺）**

Euphorbia 同前。

milii 法属岛屿留尼旺岛 (La Réunion) 统治者 Baron Milius。Milius 于 1821 年将该种引入法国。

455. ***Euphorbia neriifolia*** **大戟科　大戟属　金刚纂** [zuǎn] **（麒麟掌、霸王鞭、五楞金刚）**

Euphorbia 同前。

neriifolia 像夹竹桃叶的。*Nerium*，夹竹桃属；folia，叶。指本种叶脉极显著，像夹竹桃叶。

456. ***Euphorbia pulcherrima*** **大戟科　大戟属　一品红（猩猩木、老来娇）**

Euphorbia 同前。

pulcherrima 最美丽的。原指牧夫座（Boötes）北部的一个双子星，它的传统名字是 Izar，Otto Struve 将其命名为 Pulcherrima，意为"最美丽的"。

457. ***Euphorbia royleana*** **大戟科　大戟属　霸王鞭**

Euphorbia 同前。

royleana 东印度公司的外科医生和图书馆长 John Forbes Royle。他曾雇用一个庞大的植物采集人网络(组织)，专门为他采集植物标本。“Royle 采集者”在当时是很常见的。

458. ***Euphorbia tirucalli* 大戟科　大戟属　绿玉树(绿珊瑚、青珊瑚、光棍树)**

Euphorbia 同前。

tirucalli 该种在印度南部马拉巴尔(Malabar)当地的名字。

459. ***Euryale ferox* 睡莲科　芡 [qiàn] 属　芡实(鸡头米、鸡头莲、鸡头荷、刺莲藕、假莲藕)**

Euryale 欧律阿勒或尤瑞爱莉（Euryale）(飞翔之女)，是海神福耳库斯的女儿。希腊神话中的戈耳工三姐妹（Gorgons）[欧律阿勒（Euryale）、斯忒诺（Sthenno）和美杜莎（Medusa）]之一。传说看见她的眼睛的人就会变成石头，她的一般形象为有双翼的蛇发女人。在蛇发女妖三姐妹中，只有最小的美杜莎是凡身，两个姐姐都是魔身。珀尔修斯（Perseus）杀死的就是年纪最小的妹妹美杜莎，而两个姐姐因为拥有不死之躯的超能力，所以无论珀尔修斯砍杀多少次，她们绝不会丧命，最后珀尔修斯只好放弃，赶快逃走了。珀尔修斯躲避美杜莎两个姐姐的追杀时，在空中遇到狂风的袭击，被吹得左右摇晃，从美杜莎的头颅上滴下的鲜血落到利比亚沙漠中，成为一条条毒蛇。

ferox 多刺的、凶猛的。

460. ***Euryops pectinatus* 菊科　梳黄菊属　梳黄菊(南非菊)**

Euryops 好看的、美丽的。

pectinatus 栉齿形的、梳形的、鸡冠状的、具窄而密的分裂形状似梳的。指植物的叶形像篦子。

461. ***Excentrodendron hsienmu* 椴树科　蚬 [xiǎn] 木属　蚬木**

Excentrodendron 偏心木的。excentro-，偏心的；dendron，

树木。

hsienmu 中国名字“蚬木”的音译。

462. ***Fagopyrum dibotrys*** **蓼科　荞麦属　金荞麦（天荞麦、赤地利、透骨消、苦荞头）**

Fagopyrum 荞麦。

dibotrys 二回总状的。di-，二；botrys，总状的。

463. ***Fagraea ceilanica*** **马钱科　灰莉属　灰莉（非洲茉莉、鲤鱼胆、灰刺木、箐黄果、小黄果）**

Fagraea 瑞典医生和植物学家 Jonas Theodor Fragraeus（1729—1797）。

F

ceilanica 斯里兰卡的。斯里兰卡的旧称为 Ceylon（锡兰）。

464. ***Fallopia multiflora*** **蓼科　何首乌属　何首乌（多花蓼、紫乌藤、夜交藤）**

Fallopia 意大利植物学家 Gabriello Fallopio（Fallopius）。他是帕多瓦（意大利东北部城市）植物园主任，同时也是一名受尊敬的解剖学家，与 Vesalius 和 Eustachius 一起被认为是现代解剖学的奠基人。

multiflora 多花的。multi-，多的；flora，花。

465. ***Farfugium japonicum*** **菊科　大吴风草属　大吴风草（八角乌、活血莲、金缽盂、独角莲、一叶莲、大马蹄香、大马蹄、铁冬苋、马蹄当归）**

Farfugium 意为快速通过的粉状物。指本属植物在早期失去被毛。

japonicum 日本的。

466. ***Fargesia spathacea*** **禾本科　箭竹属　箭竹（法氏竹、华桔竹、龙头竹）**

Fargesia 法国传教士和业余植物学家 Père Paul Guillaume Farges（1844—1912）。

spathacea 佛焰苞状的。

467. ***Fatsia japonica*** **五加科　八角金盘属　八角金盘（八金盘、八手、手树、金刚纂）**

Fatsia 日语 fats，为一种植物的名字。

japonica 日本的。

468. ***Ficus auriculata*** **桑科　榕属　大果榕（馒头果、大无花果、波罗果、大木瓜、蜜枇杷、大石榴）**

Ficus 无花果。拉丁语 ficus，意为"无花果"。

auriculata 耳朵、听觉、耳状的。

469. ***Ficus carica*** **桑科　榕属　无花果**

Ficus 同前。

carica 拉丁语，无花果，caria，意为"小亚细亚"。另一说：似番木瓜的（番木瓜属为 *Carica*）。

F

470. ***Ficus elastica*** **桑科　榕属　印度榕（橡皮树、印度胶树）**

Ficus 同前。

elastica 有弹力的、能伸缩的。指本种的白色乳汁曾被人们用来提炼橡胶。

471. ***Ficus glaberrima*** **桑科　榕属　大叶水榕（万年青、池树）**

Ficus 同前。

glaberrima 极光秃的、光滑的。

472. ***Ficus microcarpa*** **桑科　榕属　榕树（小叶榕、细叶榕、万年青）**

Ficus 同前。

microcarpa 小果的。micro-，小的；carpa，果。

473. ***Ficus pandurata*** **桑科　榕属　琴叶榕（琴叶橡皮树）**

Ficus 同前。

pandurata 提琴形的。指该种的叶似琴形。

474. ***Ficus pumila*** **桑科　榕属　薜荔** [bìlì] **（凉粉子、木莲、凉粉果、冰粉子、鬼馒头、木馒头）**

Ficus 同前。

pumila 矮小的。

475. ***Ficus religiosa* 桑科 榕属 菩提树（思维树）**

Ficus 同前。

religiosa 古代宗教用途的、敬重（某人或某事物）、崇敬。

476. ***Ficus superba* var. *japonica* 桑科 榕属 笔管榕（华丽榕）**

Ficus 同前。

superba 华丽的、宏大的、优越的、骄傲的、傲慢的。

japonica 日本的。

477. ***Ficus tinctoria* 桑科 榕属 斜叶榕（石壁榕、半边刀）**

Ficus 同前。

tinctoria 染色的、染色之物的、染料的、可做染料的、着色用的、染色用的、产生颜色的。

478. ***Ficus virens* var. *sublanceolata* 桑科 榕属 黄葛树（绿黄葛树）**

Ficus 同前。

virens 绿色的、变成草绿色的。

sublanceolata 近披针形的。sub-，接近的、近似的；lanceolata，披针形的。

479. ***Filipendula palmata* 蔷薇科 蚊子草属 蚊子草（合叶子）**

Filipendula 以丝连接的。指该属植物丝状根的中部或顶部有块状肿胀物。

palmata 掌状的。指本种的叶片掌状裂。

480. ***Firmiana platanifolia* 梧桐科 梧桐属 梧桐（青桐、桐麻）**

Firmiana 德国植物学家Karl Joseph von Firmian（1716—1782）。

platanifolia 像悬铃木叶的。*Platanus*，悬铃木属；

folia，叶。

481. ***Fittonia verschaffeltii* 爵床科　网纹草属　网纹草（费通花）**

Fittonia 爱尔兰姐妹作家 Elizabeth Fitton（fl. 1817—1834）和 Sarah Mary Fitton（约 1796—1874）。她们对植物学很感兴趣，最有名的著作是 1817 年的《对话植物学》（*Conversations on Botany*）一书。

verschaffeltii 比利时著名园艺学家和作者 Ambroise Colette Alexandre Verschaffelt（1825—1886）。他在根特拥有一个 Verschaffelt 苗圃，曾引进很多外地的物种，后来为著名园艺学家和茶专家 Jean Jules Linden 所获得。Verschaffelt 祖孙三代都是园艺学家。Verschaffelt 出版了《新山茶图谱》（1848—1860）共十三卷，这部巨著被誉为 19 世纪四大山茶图谱之一。

482. ***Flaveria bidentis* 菊科　黄顶菊属　黄顶菊（南美黄顶菊、野菊花）**

Flaveria 淡黄色的、变黄色的。

bidentis 二齿的、有两恒牙的、双刃的、双叉的、二齿锄。

483. ***Flemingia macrophylla* 豆科　千斤拔属　大叶千斤拔（假乌豆草、皱面树、大力黄、大叶佛来明豆、夹眼皮果）**

Flemingia 英国外科医生、植物学家和印度植物的采集人 John Fleming（1747—1829）。曾经写过《印度植物学》，也是《印度药用植物和药物名录》（*A catalogue of Indian medicinal plants and drugs*）的作者。

macrophylla 大叶的。macro-，大的；phylla，叶。

484. ***Flueggea suffruticosa* 大戟科　白饭树属　一叶萩（山嵩树、狗梢条、白几木、叶底珠）**

Flueggea 德国医生、植物学家和植物采集者 Johannes Flüggé（Fluegge）（1775—1816）。曾建过一个植物园，为汉堡植物园的前身。

suffruticosa 半灌木状的、亚灌木的。

485. ***Flueggea virosa* 大戟科　白饭树属　白饭树（金柑藤、密花叶底株、白倍子）**

Flueggea 同前。

virosa 具有强烈难闻气味的、有毒的。

486. ***Foeniculum vulgare* 伞形科　茴香属　茴香（蘹香[huáixiāng]、小茴香）**

Foeniculum 新拉丁语，意为“茴香”。

vulgare 普通的、常见的。

487. ***Forsythia suspensa* 木犀科　连翘属　连翘（黄花杆、黄寿丹）**

F

Forsythia 英国园艺学家 William Forsyth（1737—1840）。

suspensa 悬垂的。指本种的枝细长并开展下垂呈拱形。

488. ***Fortunella margarita* 芸香科　金橘属　金橘（罗浮、长寿金柑、牛奶柑、公孙橘）**

Fortunella 苏格兰植物学家、植物采集人、旅行家和茶叶间谍 Robert Fortune（1812—1880）。

margarita 珍珠的。指本种果实较小。

489. ***Fragaria vesca* 蔷薇科　草莓属　野草莓（欧洲草莓）**

Fragaria 芳香的。指果实具有香味。

vesca 细瘦的、减弱、(使) 变细、(使) 变薄、(使) 变小。

490. ***Fraxinus chinensis* 木犀科　梣[qín]属　白蜡树（青榔木、白荆树）**

Fraxinus 拉丁语 fraxinus，意为“白蜡树”。来自希腊语的 phrasso，意为“篱笆”。

chinensis 中国的。

491. ***Fraxinus mandshurica* 木犀科　梣属　水曲柳（东北梣）**

Fraxinus 同前。

mandshurica 产于中国东北的、满洲的。

492. ***Fritillaria delavayi* 百合科 贝母属 梭砂贝母（德氏贝母、阿皮卡）**

Fritillaria 具间格纹的。

delavayi 法国传教士 Delavayi。据史料记载：从公元1253年马可·波罗到大理苍山起，相继有法国传教士 Delavayi（1883 年），英国植物学家 George Forrest（1904 年）、Tenward（1911 年），奥地利博物学家 Hande Maxxetti（1913 年），美国人 Locher（1947 年）等在苍山及周围进行了大规模的植物采集活动。其中 Delavayi 和 George Forrest 在苍山进行了多次采集，并将大量的植物标本和种苗海运回国。Delavayi 一共在苍山及滇西一带采集到 4000 多种植物标本，其中有 1500 多个是新种。后来这些新种很多是以他的名字命名，种加词 *delavayi* 几乎等同于 *yunnanensis*。该种定名的模式标本至今仍保存陈列在大英博物馆内。

493. ***Fuchsia hybrida* 柳叶菜科 倒挂金钟属 倒挂金钟（灯笼花、吊钟海棠）**

Fuchsia 文艺复兴时期德国本草学家 Leonhart Fuchs（1501—1566）。该属是法国修道士和植物学家 Charles Plumier 于 1696—1697 年在去大安的列斯群岛考察途中，于伊斯帕尼奥拉岛（即拉丁美洲西印度群岛中部的海地岛）发现的，他用 Leonhart Fuchs（文艺复兴时期德国本草学家，是 16 世纪 3 位德国植物学之父之一，他重视对植物活体的考察，因此在自家附近建了植物园，引种大量欧洲植物）的名字命名了该属（具体种为 *Fuchsia triphylla*）。经林奈采用之后，即成为法定学名。Fuchsia 也用来指一种颜色，即“倒挂金钟色”。

hybrida 杂种。

494. ***Gagea lutea* 百合科 顶冰花属 顶冰花**

G

Gagea 英国 Thomas Gage 爵士（1791—1820）。
lutea 拉丁语，意为“黄（身）体的”。

495. ***Gaillardia pulchella* 菊科　天人菊属　天人菊（六月菊、忠心菊、虎皮菊、老虎皮菊）**
Gaillardia 18 世纪法国地方法官 M. Gaillard de Charentonneau，他曾是一个植物探索活动的赞助人。
pulchella 美丽的。

496. ***Galinsoga parviflora* 菊科　牛膝菊属　牛膝菊（辣子草、向阳花、珍珠草、铜锤草）**
Galinsoga 西班牙皇家医学院（The Spanish Real Academia Nacional de Medicina）的创立人 Lgnacio Mariano Martinez de Galinsoga。他也曾是皇家马德里植物园（The Real Jardín Botánico de Madrid）的园主任。
parviflora 小花的。parvi-，小的；flora，花。

G

497. ***Galium aparine* var. *tenerum* 茜草科　拉拉藤属　猪殃殃（拉拉藤）**
Galium 新拉丁语，源于希腊语的 galion，很可能来自 gala，意为“奶、牛奶”。指该属植物可用于凝结牛奶。
aparine 拉丁语，拉拉藤。
tenerum 柔弱的。

498. ***Galium verum* 茜草科　拉拉藤属　蓬子菜（松叶草、蛇望草、铁尺草、老鼠针、柳绒蒿、疗毒蒿、鸡肠草、黄米花、重台草、蓬子草）**
Galium 同前。
verum 真实的、真正的、脊棱的。

499. ***Garcinia mangostana* 藤黄科　藤黄属　莽吉柿（山竹、山竺、山竹子、倒捻子）**
Garcinia 法国自然学家 Laurent Garcin 博士（1683—1751），供职于东印度公司，曾在东方旅行过。
mangostana 莽吉柿（*Garcinia mangostana*）的马来语

俗名 mang gistan。

500. ***Gardenia jasminoides* 茜草科　栀子属　栀子（水横枝、黄果子、黄叶下、山黄枝、黄栀子、黄栀、山栀子、山栀、水栀子、林兰、越桃、木丹、山黄栀）**

Gardenia 美国医生兼植物学家 Alexander Garden（1730—1791）。

jasminoides 像素馨的。*Jasminum*，素馨属；-oides，像……的。

501. ***Gastrodia elata* 兰科　天麻属　天麻（赤箭）**

Gastrodia 像肚子的。指该属植物的钟状花。

elata 高的。

502. ***Gelsemium elegans* 马钱科　钩吻属　钩吻（野葛、胡蔓藤、断肠草、烂肠草、朝阳草、大茶药、大茶藤、荷班药、猪人参、狗向藤、柑毒草、猪参、大茶叶）**

Gelsemium 茉莉。是一个拉丁化的意大利语词 gelsomino，意为"茉莉"。*G. elegans* 在国外具有"碎心草"（heartbreak grass）的绰号。指该属植物有大毒的特性。

elegans 拉丁语，优美的、漂亮的。

503. ***Gentiana macrophylla* 龙胆科　龙胆属　秦艽 [jiāo]（秦纠 [jiū]、秦爪、秦胶、大叶龙胆、大叶秦艽、萝卜艽、左秦艽、西秦艽）**

Gentiana 伊利里亚（Illyrian）的一个国王 Gentius。据说他是龙胆这类植物具有滋补特性的发现者。

macrophylla 大叶的。macro-，大的；phylla，叶。

504. ***Gentiana veitchiorum* 龙胆科　龙胆属　蓝玉簪龙胆（从生龙胆、双色龙胆）**

Gentiana 同前。

veitchiorum 英国人 John Veitch（1725—1839）以及他在埃克塞特（英国英格兰西南部城市，德文郡首府）

和切尔西（伦敦自治城市，为文艺界人士聚居地）的继任者。

505. ***Geranium sanguineum*** **牻牛儿苗科 老鹳草属 血红老鹳草**

Geranium 希腊语 géranos 或 geranós，意为“鹤”。该种的英语名也为“鹤嘴”。指本属植物的果荚的样子像鹤嘴的形状。

sanguineum 红色的。可能是指植物在秋天的叶色。

506. ***Geranium sibiricum*** **牻牛儿苗科 老鹳草属 鼠掌老鹳草（鼠掌草、西伯利亚老鹳草）**

Geranium 同前。

sibiricum 西伯利亚的。

G

507. ***Ginkgo biloba*** **银杏科 银杏属 银杏（白果、公孙树、鸭脚子、鸭掌树）**

Ginkgo 来自日本语的 ginkyo，意为“银杏”。关于 *Ginkgo* 这个名称的来历，还有个故事：1690 年，德国博物学家 E. Kaempfer 作为东印度公司的医师到日本长崎，1692 年他在日本发现了从未见过的银杏，他将银杏种子带回荷兰种植，并把银杏写进了他的著作《可爱的外来植物》（*Amoenitatum Exoticarum*, 1712）一书中，根据所采标本对银杏做了比较详细的记述。银杏的属名 *Ginkgo* 就来自他的这本著作，但不幸的是，*Ginkgo* 是个错误拼写，正确的拼写应该是 Ginkyo，是银杏二字的日语读（音）。后来经西方学者考证，原来是 Kaempfer 在手稿中写错了，把“y”写成了“g”，林奈也无奈，只能沿袭下来。

biloba 二裂的。bi-，二；loba，裂。

508. ***Girardinia suborbiculata*** **荨麻科 蝎子草属 蝎子草（蜂麻）**

Girardinia 法国化学家和农学家 Jean Pierre Louis

Girardin（1803—1884）。Girardin 曾任里昂农学院的化学教授、里尔学院的化学教授和系主任。曾写过大量关于化学在农业中应用的著作。

suborbiculata 近圆盘形的。圆盘形的、圆形轮廓的。sub-，近似的、接近的；orbic-，圆形的。指本种的叶形。

509. ***Glechoma longituba*** **唇形科　活血丹属　活血丹（钹[bó]儿草、佛耳草、连钱草、金钱草、连金钱、方梗金钱草、遍地金钱、大金钱草、对叶金钱草、大叶金钱（草）、金钱薄荷、金钱菊、金钱艾、破金钱、破铜钱、铜钱玉带、小毛铜钱菜、铜钱草、十八缺、十八额、蟹壳草、蛇壳草、马蹄筋骨草、马蹄草、四方雷公根、遍地香、窜地香、野荆芥、土荆芥、团经药、咳嗽药、肺风草、胎济草、疳[gān]取草、穿墙草、过墙风、小过桥风、赶山鞭、钻地风、风灯盏、透骨消、驳骨消、接骨消、通骨消、荳口烧、透骨草、退骨草、特巩消）**

Glechoma 公元 1 世纪希腊的医生和植物学家佩达纽斯·迪奥斯科里季斯（Dioscorides）对薄荷油（pennyroyal）的称谓。

longituba 具长块茎的。longi-，长的；tuba，块茎、长管的。

510. ***Gleditsia sinensis*** **豆科　皂荚属　皂荚（皂角、皂荚树、猪牙皂、牙皂、刀皂）**

Gleditsia 德国柏林植物园主任 J. Gottlied Gleditsch（1714—1786）。

sinensis 中国的。

511. ***Glycine soja*** **豆科　大豆属　野大豆（[豆劳]豆、小落豆、小落豆秧、落豆秧、山黄豆、乌豆、野黄豆）**

Glycine 甜的。本属某些种的根具甜味。

soja 日语，意为“酱油”。指本种的种子可通过发酵做酱油。

512. ***Glycyrrhiza uralensis*** **豆科　甘草属　甘草**（**国老、甜草、甜根子**）

Glycyrrhiza 根具甜味的。glycy-，甜的；-rrhiza，根。

uralensis 乌拉尔的。乌拉尔山脉（The Urals）是俄罗斯境内大致南北走向的一座山脉，位于俄罗斯的中西部，是欧亚两大洲分界线。

513. ***Gnaphalium affine*** **菊科　鼠麴** [qū] **草属　鼠麴草**（**鼠曲草、佛耳草、鼠耳草、田艾、清明菜、菠菠草**）

Gnaphalium 软的、松软的、柔软的。源于一种具有黏连叶的植物的希腊名字。

affine 近缘的、与……相关的、转变而来的、中间的。属盎格鲁 - 法语（Anglo-French），源于拉丁语的 affinis。

514. ***Gomphocarpus fruticosus*** **萝藦科　钉头果属　钉头果**（**气球果、气球花、唐棉**）

Gomphocarpus 具钉状果的。gompho-，钉状的；carpus，果实。

fruticosus 成灌木的。

515. ***Gomphrena globosa*** **苋科　千日红属　千日红**（**百日红、火球花**）

Gomphrena 该属一些植物的古拉丁语名字。

globosa 球状的、球形的。指该植物的球形花序。

516. ***Gonostegia hirta*** **荨** [qián] **麻科　糯米团属　糯米团**（**糯米草、小粘药、红头带、猪粥菜、蚌巢草、大拳头、糯米莲、糯米藤、大红袍、糯米条、糯米菜、糯米芽、饭匐子、蔓苎麻**）

Gonostegia 具棱角状遮蔽物的。gono-，有棱角的；stegia 即 stegos 或 stege，意为“一个盖、掩蔽物、遮盖物”。

hirta 具硬毛的。

517. ***Gossypium hirsutum*** **锦葵科　棉属　陆地棉**（**高地棉、**

大陆棉、美洲棉、墨西哥棉、美棉）
Gossypium 拉丁语，棉花树。
hirsutum 有毛的、毛的。

518. ***Grevillea robusta*** **山龙眼科　银桦属　银桦**
Grevillea 英国植物学家 Chas. F. Greville（1749—1809）。
robusta 强壮的、粗壮的。

519. ***Grewia biloba*** **var.** ***parviflora*** **椴树科　扁担杆属　小花扁担杆（扁担杆）**
Grewia 英国医生、植物解剖学家和显微镜使用的先驱 Nehemiah Grew（1641—1712），著有《植物解剖学》（*The Anatomy of Plants*）。
biloba 二裂的。bi-，二；loba，裂。
parviflora 小花的。parve-，小的；flora，花。

520. ***Gueldenstaedtia verna*** **subsp.** ***multiflora*** **豆科　米口袋属　米口袋（少花米口袋、小米口袋）**
Gueldenstaedtia 居住在俄国南部的德籍拉脱维亚医生、自然学家和探险家 Johann Anton Güldenstädt（Anton Johann von Gueldenstaedt）（1745—1781）。
verna 春天的。
multiflora 多花的。multi-，多的；flora，花。

521. ***Guzmania conifera*** **凤梨科　果子蔓属（擎天凤梨属）鸿运当头（咪头、圆锥果子蔓、火炬凤梨）**
Guzmania 主要活动在南美洲的西班牙药剂师和自然学家 Anastasio Guzman（?—1807）。Guzman 死于赴厄瓜多尔的一次考察中。
conifera 具有圆锥体、球果、圆锥形东西的。指本种的花序于叶丛中抽出，状如松球。

522. ***Halimodendron halodendron*** **豆科　铃铛刺属　铃铛刺（盐豆木、耐碱树）**

Halimodendron 希腊语 halimos，意为“海”；dendron，意为“树”。指该属植物具有耐盐性。

halodendron 盐木的。希腊语 halos，意为“海的、咸的”；dendron，意为“木、树木”。

523. ***Halogeton arachnoideus* 藜科　盐生草属　白茎盐生草（灰蓬、蛛丝盐生草）**

Halogeton 盐碱地生的。希腊语 halos，意为“海的、咸的”；geton，意为“邻居”。

arachnoideus 蛛丝状的。

524. ***Halostachys caspica* 藜科　盐穗木属　盐穗木**

Halostachys 具盐穗的。hali- 或 halio-，意为“盐的”；stachys，意为“穗”。

caspica 里海的。

525. ***Haloxylon ammodendron* 藜科　梭梭属　梭梭（琐琐、梭梭柴）**

Haloxylon 希腊语 halos，意为“海的、咸的”；xylon，意为“木材、木质”。指该属植物具有耐盐性。

ammodendron 沙生木的。ammo-，沙生的；dendron，木的、树的。

526. ***Haloxylon persicum* 藜科　梭梭属　白梭梭（波斯梭梭）**

Haloxylon 同前。

persicum 波斯的（即现在伊朗的）。

527. ***Haworthia fasciata* 百合科　十二卷属　十二卷（雉鸡尾、锦鸡尾）**

Haworthia 英国昆虫学家、植物学家和甲壳动物学家 Adrian Hardy Haworth（1767—1833）。

fasciata 束生的、条带的、成束的、簇生的。

528. ***Hedera nepalensis* var. *sinensis* 五加科　常春藤属　常春藤（爬树藤、爬墙虎、三角枫、牛一枫、山葡萄、**

三角藤、狗姆蛇、爬崖藤）

Hedera 拉丁语 hedera，意为“常春藤”。

nepalensis 尼泊尔的。

sinensis 中国的。

529. ***Hedysarum mongdicum*** **豆科　岩黄蓍 [qí] 属　羊柴（杨柴）**

Hedysarum 香甜的。希腊语，hedy- 或 hedys，意为“甜的”；arum 源自 aroma，意为“芳香的”。

mongdicum 蒙古的。

530. ***Hedysarum scoparium*** **豆科　岩黄蓍属　细枝岩黄蓍（花棒、沙漠姑娘）**

Hedysarum 同前。

scoparium 扫帚状的。另一说：拉丁语 scopa，意为“细枝”。

531. ***Heleocharis dulcis*** **莎草科　荸荠 [bíqi] 属　荸荠（马蹄）**

Heleocharis 希腊语 heleios，意为“沼泽地的居民”；charis，意为“优雅、恩泽、慈悲、魅力”。指本属植物多生于沼泽湿地中。

dulcis 甜的。

532. ***Helianthemum songaricum*** **半日花科　半日花属　半日花**

Helianthemum 希腊语 Hēlios，意为“太阳的”。

songaricum 中国准噶尔的。

533. ***Helianthus annuus*** **菊科　向日葵属　向日葵（丈菊）**

Helianthus 希腊语 Hēlios，意为“太阳的”；anthos，意为“花”。

annuus 一年生的。

534. ***Helianthus tuberosus*** **菊科　向日葵属　菊芋（菊藷 [shǔ]、五星草、洋羌、番羌）**

Helianthus 同前。

tuberosus 具块茎的、块状茎的、似块茎的。

H

535. ***Heliconia psittacorum*** **芭蕉科　蝎尾蕉属　红鸟蕉（小天堂鸟、小红鸟、小鸟花、鹦鹉蝎尾蕉）**

Heliconia 源于希腊语的 helikonios，是蝎尾蕉科（Heliconiaceae）的一个属。

psittacorum 属于鹦鹉的。

536. ***Heliconia rostrata*** **芭蕉科　蝎尾蕉属　金嘴蝎尾蕉（倒垂赫蕉、五彩赫蕉、垂序蝎尾蕉、金鸟赫蕉）**

Heliconia 同前。

rostrata 具嘴的、具嘴状凸起的、具喙的。

537. ***Helwingia japonica*** **山茱萸科　青荚叶属　青荚叶（大叶通草、叶上珠）**

Helwingia 德国植物学作家 G. A. Helwing (1666—1748)。

japonica 日本的。

538. ***Hemerocallis fulva*** **百合科　萱草属　萱草（忘萱草）**

Hemerocallis 白天美丽的。指该属的花开放时间很短。

fulva 黄褐色的、红黄色的、茶色的。

539. ***Heteropappus hispidus*** **菊科　狗娃花属　狗娃花**

Heteropappus 具多变冠毛的。hetero-，多变的、异质的；pappus，冠毛。指该属具有两种形状的冠毛。

hispidus 具粗硬毛的、具刚毛的。

540. ***Hibiscus moscheutos*** **锦葵科　木槿属　芙蓉葵（草芙蓉、大花秋葵）**

Hibiscus 希腊语 hibiskos，是一种生于沼泽的锦葵。另一说：希腊语 hibis，埃及的神名；iakos，像……的。

moscheutos 本种的土名。

541. ***Hibiscus rosa-sinensis*** **锦葵科　木槿属　朱槿（扶桑、佛桑、大红花、桑模、状元红）**

Hibiscus 同前。

rosa-sinensis 中国玫瑰。rosa，玫瑰；sinensis，中国的。

542. ***Hibiscus syriacus*** **锦葵科　木槿属　木槿（木棉、荆条、**

朝开暮落花、喇叭花）

Hibiscus 同前。

syriacus 叙利亚的。

543. ***Hibiscus tiliaceus* 锦葵科　木槿属　黄槿（右纳、桐花、海麻、万年春、盐水面头果）**

Hibiscus 同前。

tiliaceus 像椴树的。*Tilia*，椴树属；-ceus，像……的。

544. ***Hibiscus trionum* 锦葵科　木槿属　野西瓜苗（香铃草、灯笼花、小秋葵、黑芝麻、火炮草）**

Hibiscus 同前。

trionum 分三部分的。指本种的叶形。

545. ***Hippeastrum rutilum* 石蒜科　朱顶红属　朱顶红（红花莲、华胄兰）**

Hippeastrum 古希腊语，意为“骑士之星”。希腊语 hippeus，意为“骑士”；astron，意为“星”。William Herbert 命名一个属为 *Hippeastrum*，但 Herbert 的真正所指已无从考证了。*Amaryllis* 和 *Hippeastrum* 两个属的分类曾一度困惑植物学家多年，一种说法是普通名字 Amaryllis 主要是指该属中的栽培品种，多分布在北半球，Amaryllis 的鳞茎在圣诞节期间一直作为商品出售。

rutilum 红色的、金红色的、红黄色的。

546. ***Hippophae rhamnoides* 胡颓 [tuí] 子科　沙棘属　沙棘（醋柳、黄酸刺、酸刺柳、黑刺、酸刺）**

Hippophae 希腊语 hippos，意为“马”；phaios 意为“灰色”。另一说：希腊语 hippos，意为“马”，pheos 是一种植物名。

rhamnoides 像鼠李的。rhamn-，鼠李属的；*Rhamnus*，鼠李属；-oides，像……的。

547. ***Holmskioldia sanguinea* 马鞭草科　冬红属　冬红**

H

Holmskioldia 丹麦植物学家 Johan Theodor Holmskiold（1731—1793），曾写过真菌方面的著作 *Beata Ruris Otia Fungis Danicis*，在 1790—1799 年以两卷出版。

sanguinea 血红色的、红色的。

548. ***Homalocladium platycladum* 蓼科　竹节蓼属　竹节蓼（扁竹蓼）**

Homalocladium 具有平扁枝的。homalo-，平展的、扁的、平滑的；cladium，枝。

platycladum 具扁平枝的。

549. ***Hosta plantaginea* 百合科　玉簪属　玉簪（玉春棒、白鹤花、玉泡花、白玉簪）**

Hosta 奥地利植物学家 Nicholas Thomas Host。奥地利另一个植物学家 Leopold Trattinnick 于 1812 年为纪念 Host 而命名。

plantaginea 像车前的。*Plantago*，车前属。

550. ***Houttuynia cordata* 三白草科　蕺 [jí] 菜属　蕺菜（鱼腥草、狗贴耳、侧耳根、折耳根）**

Houttuynia 荷兰植物学家、医生 Petrus Houttuyn（Pieter Hotton）（1648—1709）。Houttuyn 是莱顿大学的植物学教授和植物园的顾问，也是伦敦皇家学会的会员。

cordata 心形的。指叶的形状。

551. ***Hovenia dulcis* 鼠李科　枳椇 [zhǐjǔ] 属　北枳椇(枳椇、鸡爪梨、枳椇子、拐枣、甜半夜）**

Hovenia 荷兰参议员 David tenHove。

dulcis 甜的。指本种肉质化果柄果序轴可食用、具甜味。

552. ***Hoya carnosa* 萝藦科　球兰属　球兰（爬岩板、草鞋板、马骝解、狗舌藤、铁脚板、壁梅、雪梅、绣球花、肺炎草、玉蝶梅、玉叠梅）**

Hoya 英国园艺学家 Thomas Hoy（约 1750—1822）。Hoy 曾做过近 40 年的诺森伯兰公爵的首席园艺师。

本属定名人植物学家 Robert Brown 是他的朋友。

carnosa 肉质的、多肉的。

553. ***Humulus scandens* 桑科　葎 [lǜ] 草属　葎草（勒草、葛勒子秧、拉拉藤、锯锯藤）**

Humulus 中世纪拉丁语，意为“啤酒花”，可能源于德语，与古英语的 hymele 同源。即源于中古低地德语（约1100—1500 年的低地德语）的 homele 或古斯堪的那维亚语的 humli。

scandens 攀援的。

554. ***Hyacinthus orientalis* 风信子科　风信子属　风信子（洋水仙、西洋水仙、五色水仙、时样锦）**

Hyacinthus 源于由古希腊盲诗人荷马（Homer，约前 9 世纪—前 8 世纪）所用的一种植物的名字 hyakinthos。该植物的花据说是由希腊神话中的美少年、也是宙斯的外孙许阿辛托斯（Hyakinthos，也被译作海辛瑟斯）的血变成的。许阿辛托斯是被太阳神阿波罗神意外杀死的。阿波罗与许阿辛托斯是很好的朋友，遭到西风神的妒忌，有一次阿波罗在投掷铁饼时，西风神把铁饼吹向了许阿辛托斯的头部，从许阿辛托斯头部流出的鲜血中，长出了一株鲜花，这就是风信子。但据说被荷马称作 hyakinthos 的植物实际上是二叶绵枣儿（*Scilla bifolia*）。

orientalis 东方的。

H

555. ***Hydrangea macrophylla* 虎耳草科　绣球属　绣球（八仙花、紫绣球、粉团花、八仙绣球）**

Hydrangea 似水壶的。希腊语 hydor，意为“水”；angeion，意为“容器、水壶”。指果实的形状似水壶。

macrophylla 大叶的。macro-，大的；phylla，叶。

556. ***Hydrocotyle sibthorpioides* var. *batrachium* 伞形科　天胡荽属　破铜钱（鹅不食草、铜钱草、小叶铜钱草）**

Hydrocotyle 水杯。

sibthorpioides 像玄参科幌菊属的。*Sibthorpia* 玄参科幌菊属；oides，像……的。

batrachium 希腊语 batrachos，意为“蛙”。指本变种多生于湿洼地。

557. ***Hydrocotyle sibthorpioides* 伞形科 天胡荽属 天胡荽（石胡荽、鹅不食草、细叶钱凿口、小叶铜钱草、龙灯碗、圆地炮、满天星）**

Hydrocotyle 同前。

sibthorpioides 同前。

558. ***Hydrocotyle vulgaris* 伞形科 天胡荽属 铜钱草（香菇草）**

Hydrocotyle 同前。

vulgaris 普通的、常见的。

559. ***Hylocereus undatus* 仙人掌科 量天尺属 量天尺（火龙果、龙骨花、霸王鞭、三角柱、三棱箭）**

Hylocereus 木仙人掌 (climbing cactus)。

undatus 波浪、巨浪、溪流、波状的、波动起伏的、波浪形的。

560. ***Hymenocallis littoralis* 石蒜科 水鬼蕉属 水鬼蕉（蜘蛛蕉、蜘蛛百合）**

Hymenocallis 希腊语 hymen，意为“膜”；kalos，意为“美丽的”。指其奇妙形状的花：一个由融合的雄蕊形成的浅杯上具有六个窄而弯的花瓣，看上去像蜘蛛样的水仙花或百合花。该属植物的普通名字也叫作“蜘蛛百合”。

littoralis 属于海岸的或生于海岸的、海边的。

561. ***Hyoscyamus niger* 茄科 天仙子属 天仙子（莨菪、牙痛子、牙痛草、黑莨菪、马铃草、米罐子）**

Hyoscyamus 原是一种叫作猪豆（hog-bean）的植物。

这是公元1世纪希腊的医生和植物学家佩达纽斯·迪奥斯科里季斯（Dioscorides）给猪豆起的一个带贬义的名字。

niger 黑色的。

562. ***Hypecoum erectum* 罂粟科　角茴香属　角茴香**

Hypecoum 源于希腊语的两个词，“手指”和“延胡索属植物”。指该属植物超过2.5厘米长的似圆柱形的果实（berries）像手指。

erectum 直立的、垂直（竖立）的。

563. ***Hypecoum leptocarpum* 罂粟科　角茴香属　细果角茴香（节裂角茴香）**

Hypecoum 同前。

leptocarpum 细果的。lepto-，细的、薄的；carpum，果。

564. ***Hypericum attenuatum* 藤黄科　金丝桃属　赶山鞭(小茶叶、小金钟、小金丝桃、小叶牛心菜、紫草、胭脂草、女儿茶、小金雀、二十四节草、打字草、香龙草、小便草、乌腺金丝桃）**

Hypericum 意为“在图画上方”。公元1世纪希腊的医生和植物学家佩达纽斯·迪奥斯科里季斯（Dioscorides）称之为upereikon，指人们常用该属植物驱离圣地的魔鬼幽灵。

attenuatum 尖端细的、柔弱的。

565. ***Hypericum beanii* 藤黄科　金丝桃属　栽秧花（芒种花、金丝、大花金丝梅、黄花香、过路黄桃）**

Hypericum 同前。

beanii 英国人 William J. Bean（1863—1947）。《不列颠群岛的耐旱树木和灌丛》的作者。

566. ***Ilex cornuta* 冬青科　冬青属　枸骨（猫儿刺、老虎刺、八角刺、鸟不宿、构骨、狗骨刺、猫儿香、老鼠树）**

Ilex 来自冬青槲（*quercus ilex*）的拉丁名字，意为神圣的。

cornuta 角状的。

567. ***Ilex crenata*** **冬青科　冬青属　齿叶冬青**

Ilex 同前。

crenata 圆齿的。

568. ***Ilex hylonoma* var. *glabra*** **冬青科　冬青属　光叶细刺枸骨（细刺枸骨、刺叶冬青）**

Ilex 同前。

hylonoma 居于林地的。

glabra 光滑的、无毛的。

569. ***Ilex wuiana*** **冬青科　冬青属　征镒冬青（乳头冬青）**

Ilex 同前。

wuiana 吴征镒。据《中国植物志》：*Ilex mamillata* C. Y. Wu ex Y. R. Li（1985）与曾沧江（1984）代吴征镒教授发表的模式产于广西桂林的 *Ilex mamillata* C. Y. Wu ex C. J. Tseng 重名，但两者不是一个种，为异物同名，故起新名，为纪念吴征镒教授对植物学的贡献及对冬青科的工作，T. R. Dudley 特以吴姓命名。吴征镒（1916.6.13—2013.6.20），江苏省扬州市人，著名植物学家，1955 年 6 月当选为中国科学院学部委员。由吴征镒定名和参与定名的植物类群多达 1766 个，涵盖 94 科 334 属，其中新属 22 个。是中国植物学家中发现和命名植物最多的一位，改变了中国植物主要由外国学者命名的历史。2008 年 1 月 8 日获得 2007 年国家最高科学技术奖。2011 年 12 月 10 日，国际小行星中心将第 175718 号小行星永久命名为“吴征镒星”。

570. ***Illicium lanceolatum*** **木兰科　八角属　红毒茴（莽草、披针叶茴香、红茴香）**

Illicium 拉丁语 illicio，意为“诱惑”。指本属植物具有诱人的香味。

lanceolatum 披针形的。

571. ***Illicium verum*** **木兰科　八角属　八角（八角茴香、大茴香、唛角）**

Illicium 同前。

verum 真实的、真正的、脊棱的。

572. ***Impatiens balsamina*** **凤仙花科　凤仙花属　凤仙花**

Impatiens 源于拉丁语 impatient，意为“急躁的”。指该属植物的蒴果在成熟时易弹开，以散播种子。

balsamina 源于拉丁语的 balsamum，指该种植物的某种医疗作用。

573. ***Impatiens holstii*** **凤仙花科　凤仙花属　何氏凤仙（玻璃翠）**

Impatiens 同前。

holstii 德国出生的植物学家 Carl Hugo Ehrenfried Wilhelm Holst（1865—1894），曾在东非采集过标本。

574. ***Impatiens racemosa*** **凤仙花科　凤仙花属　总状凤仙花**

Impatiens 同前。

racemosa 总状的、总状花序的。

575. ***Impatiens rubrostriata*** **凤仙花科　凤仙花属　红纹凤仙花**

Impatiens 同前。

rubrostriata 具红色条纹的。rubro-，红色的；striata，条纹的。

576. ***Imperata cylindrica*** **禾本科　白茅属　白茅（茅、茅针、茅根）**

Imperata 意大利西南部港口城市那不勒斯的植物学家 Ferrante Imperato（1550—1625），是 *Del l'historia naturale*（1599）一书的作者。

cylindrica 半圆柱形的或圆柱形的。

577. ***Incarvillea arguta*** **紫葳科　角蒿属　两头毛（毛子草、千把刀、破碗花、大花药、麻叶子、大九加、岩喇叭**

花、鼓手花、羊胡子草、城墙花、金鸡豇豆、唢呐花、羊奶子、燕山红、黄鸡尾、马桶花、蜜糖花、炮仗花）

Incarvillea 法国耶稣会传教士、植物学家汤执中（Pierre le Chéron d'Incarville）（1706—1757）。18 世纪法国出版了一部《中华药用植物图集》（*Herbier ou Collection des Plantes Médicinales de la Chine*），其彩色图谱母本来自法国传教士汤执中手稿《中华植物与花卉》（*Plantes et fleurs de la Chine*）。汤执中和韩国英（Père Cibot）两人在中西植物学的交流方面做出了杰出的贡献。汤执中在北京郊外进行植物考察，采集种子寄给俄国圣彼得堡科学院、英国皇家学会和法国皇家科学院，他还绘制多部中国植物图谱寄给其师朱西厄（Bernard de Jussieu）。

arguta 悦耳的、悠扬的、灵巧的、健谈的、动人的、聪明的、诙谐的、响亮的。

578. ***Incarvillea sinensis* 紫葳科　角蒿属　角蒿（莪 [é] 篙、萝蒿、冰耘草、大一枝蒿、羊角蒿、羊角透骨草、羊角草）**

I

Incarvillea 同前。

sinensis 中国的。

579. ***Incarvillea younghusbandii* 紫葳科　角蒿属　藏波罗花（角蒿）**

Incarvillea 同前。

younghusbandii 英国军官和探险家弗朗西斯·荣赫鹏（Lieutenant Colonel Sir Francis Edward Younghusband，KCSI KCIE，1863—1942）。荣赫鹏曾到过远东、中亚。荣赫鹏 1863 年出生于英属印度（今巴基斯坦）穆里（Murree）的一个英国军人家庭，是大不列颠帝国的一位军官、作家、探险家、战略家和外交家。他最为人所熟知的是他在远东和中亚的经历——尤其是他领

导的1904年英国入侵西藏的经历，以及他关于亚洲和外交政策方面的著作。荣赫鹏曾任英国驻新疆、西藏特派员，英国皇家地理学会主席。

580. ***Inula japonica*** **菊科　旋覆花属　旋覆花（金佛花、金佛草、六月菊）**

Inula 名称来自罗马人使用的 Helen of Troy（倾国倾城、害人精、木马屠城记）。Helen of Troy 直译为“特洛伊的海伦”，源自荷马史诗 Iliad 中的希腊神话故事。Helen 是希腊的绝世佳人，美艳无比，嫁给希腊南部邦城斯巴达国王墨涅俄斯（Menelaus）为妻。后来，特洛伊王子帕里斯奉命出使希腊，在斯巴达国王那里做客，他在爱与美之神阿佛洛狄忒的帮助下，趁着墨涅俄斯外出之际，诱走海伦，还带走了很多财宝。此事激起了希腊各部族的公愤，墨涅俄斯发誓说，宁死也要夺回海伦，报仇雪恨。为此，在希腊各城邦英雄的帮助下，墨涅俄斯调集了10万大军和1180条战船，组成了希腊联军，公推墨涅俄斯的哥哥阿枷门农（Agamennon）为联军统帅，浩浩荡荡，跨海东征，攻打特洛伊城，试图用武力夺回海伦。双方大战10年，死伤无数，许多英雄战死在沙场。甚至连奥林匹斯山的众神也分成了两个阵营，有些支持希腊人，有些帮助特洛伊人，彼此展开了一场持久的恶斗。最后希腊联军采用了足智多谋的奥德修斯（Odusseus）的“木马计”，里应外合才攻陷了特洛伊。希腊人进城后，大肆杀戮，帕里斯王子也被杀死，特洛伊的妇女、儿童全部沦为奴隶。特洛伊城被掠夺一空，烧成了一片灰烬。战争结束后，希腊将士带着大量战利品回到希腊，墨涅俄斯抢回了美貌的海伦，重返故土。这就是特洛伊战争的起因和结局。正是由于海伦，使特洛伊遭到毁灭的悲剧，真所谓“倾国倾城”，由此产生了

Helen of Troy 这个成语。

japonica 日本的。

581. ***Inula salsoloides*** **菊科　旋覆花属　蓼子朴（黄喇嘛、秃女子草、山猫眼）**

Inula 同前。

salsoloides 像猪毛菜的。*Salsola*，猪毛菜属；oides，像……的。

582. ***Ipomoea aquatica*** **旋花科　番薯属　蕹 [wèng] 菜（空心菜、通菜蓊 [wěng]、蓊菜、藤藤菜、通菜）**

Ipomoea 希腊语 ips 或 ipos，意为“虫”或“旋花类植物”；homoios，意为“像……的”。指该属植物藤本的缠绕习性。

aquatica 水生的。

583. ***Ipomoea batatas*** **旋花科　番薯属　番薯（甘藷 [shǔ]、甘储、甘薯、朱薯、金薯、番茹、红山药、唐薯、玉枕薯、山芋、地瓜、山药、甜薯、红薯、红苕 [sháo]、白薯）**

I

Ipomoea 同前。

batatas 本种的海地名字。

584. ***Ipomoea cairica*** **旋花科　番薯属　五爪金龙（五爪龙、上竹龙、牵牛藤、黑牵牛、假土瓜藤）**

Ipomoea 同前。

cairica 开罗的、来自开罗的。

585. ***Ipomoea pes-caprae*** **旋花科　番薯属　厚藤（马鞍藤、沙灯心、马蹄草、鲎 [hòu] 藤、海薯、走马风、马六藤、白花藤、沙藤）**

Ipomoea 同前。

pes-caprae 源于拉丁语，pes，意为“足、脚”；caprae，意为“山羊”。因此该属植物也被称作山羊脚。指该属植物的叶形像山羊蹄。

586. ***Iris germanica* 鸢尾科　鸢尾属　德国鸢尾**

Iris 希腊语，彩虹、彩虹花。伊里斯（Irises）是希腊神话中的彩虹女神，她从东飞到西替众神向生灵传递消息，她在天空匆匆飞过时会留下一道色彩，形成彩虹。因此在花的寓意中，彩虹花意为“消息”。她还指引女人的灵魂到达她们的安息之地，因此彩虹花就成了女人墓地上常见的花束。

germanica 生于德国的。

587. ***Iris lactea* var. *chinensis* 鸢尾科　鸢尾属　马蔺 [lìn]（蠡 [lí] 实、紫蓝草、兰花草、箭秆风、马帚子、马莲）**

Iris 同前。

lactea 乳状的、乳白色的。

chinensis 中国的。

588. ***Iris pseudacorus* 鸢尾科　鸢尾属　黄菖蒲（黄鸢尾）**

Iris 同前。

pseudacorus 伪菖蒲属的。pseuda-，伪的、假的；*Acorus*，菖蒲属。指其叶与菖蒲的叶相似，其叶有一个明显的中肋，像一把剑的形状。

589. ***Iris tectorum* 鸢尾科　鸢尾属　鸢尾（屋顶鸢尾、蓝蝴蝶、紫蝴蝶、扁竹花、蛤蟆七）**

Iris 同前。

tectorum 生于屋顶的、生于房上的。

590. ***Itoa orientalis* 大风子科　栀 [zhī] 子皮属　栀子皮（伊桐、盐巴菜、长叶子老重、木桃果、米稔 [rěn] 怀、牛眼果、白心树、墨当鸣、弄七）**

Itoa 日本菌物学家伊藤笃太郎 Tokutaro Ito（1868—1941）。

orientalis 东方的。

591. ***Ixeridium chinense* 菊科　小苦荬 [mǎi] 属　中华小苦荬（小苦苣、黄鼠草、山苦荬）**

I

Ixeridium 像 Ixeris 的，但 Ixeris 的词源未知。

chinense 中国的。

592. ***Ixeridium sonchifolium*** **菊科　小苦荬属　抱茎小苦荬（苦碟子、抱茎苦荬菜、苦荬菜、秋苦荬菜、盘尔草、鸭子食）**

Ixeridium 同前。

sonchifolium 像苦荬菜叶的。*Sonchus*，苦荬菜属。

593. ***Ixora chinensis*** **茜草科　龙船花属　龙船花（卖子木、山丹）**

Ixora 印度教里一个马拉巴尔神的名字（Iswar）。

chinensis 中国的。

594. ***Ixora henryi*** **茜草科　龙船花属　白花龙船花（小龙船花、小仙丹花）**

Ixora 同前。

henryi 威尔士植物学家和汉学家 Augustine Henry（1857—1930）。他做过的比较知名的事是他曾向英国邱园寄去 15000 份标本和种子。他是一个公认的学术权威，并成为了比利时、捷克斯洛伐克、芬兰、法国和波兰等国的学会会员。1929 年，北京植物研究所专门出版了《中国植物图谱》以向 Henry 献礼。

J

595. ***Jacaranda mimosifolia*** **紫葳科　蓝花楹属　蓝花楹（含羞草叶蓝花楹、蓝雾树、巴西紫葳、紫云木）**

Jacaranda 据说来自巴拉圭的瓜拉尼语，又源于图皮 - 瓜拉尼语，但受过葡萄牙语的影响，意为“芳香的”。Jacaranda 一词于 1753 年首先在 *Mr. Chambers's Cyclopædia* 第一版增补本 A 中出现，当时的一些作者以其称呼一种树。其木材是制作色淀染料的原料，也作医药使用。

mimosifolia 含羞草叶的。*Mimosa*，含羞草属；folia，叶。

596. ***Jasminum floridum*** **木犀科　素馨 [xīn] 属　探春花**

（迎夏、鸡蛋黄、牛虱子）

Jasminum 阿拉伯语 yasmin，为一种灌木的名字。

floridum 多花的、开花的。

597. ***Jasminum nudiflorum*** **木犀科　素馨属　迎春花（小黄花、金腰带、黄梅、清明花、黄素馨）**

Jasminum 同前。

nudiflorum 裸花的。nudi-，裸的；florum，花。

598. ***Jatropha curcas*** **大戟科　麻疯树属　麻疯树（黄肿树、假白榄、羔桐、臭油桐、黄肿树、小桐子、假花生、荨麻大戟）**

Jatropha 源于希腊语的 iatros，意为“医生”；trophe，意为“营养”。它的普通英语名字也因此为“药果”，该属植物另一个常用的英文名字是荨麻大戟（nettlespurge）。

curcas 麻风树的拉丁语古名。

599. ***Jatropha integerrima*** **大戟科　麻疯树属　变叶珊瑚花（琴叶珊瑚）**

Jatropha 同前。

integerrima 极全缘的。

600. ***Jatropha podagrica*** **大戟科　麻疯树属　佛肚树（麻疯树、瓶子树、纺锤树、萝卜树、瓶杆树）**

Jatropha 同前。

podagrica 意为“肿足”（gouty-foot）。gout，痛风、一团或一块。指植物茎下部呈肿胀状。

601. ***Juglans mandshurica*** **胡桃科　胡桃属　胡桃楸（核桃楸）**

Juglans 拉丁语 Jove，古罗马主神 Jupiter；glans，橡实。Juglans 是古罗马主神 Jupiter 和橡实 glans 的合成字，意为丘比特神所吃的果子。另一说：拉丁语，指核桃，古罗马神 Jovis（优比）的果实（glans）。

mandshurica 产于中国东北的、满洲的。

602. ***Juglans regia*** **胡桃科　胡桃属　胡桃（核桃）**
Juglans 同前。
regia（古代）帝王的、属于帝王的、高贵的。

603. ***Kandelia candel*** **红树科　秋茄树属　秋茄树（水笔仔、茄行树、红浪、浪柴）**
Kandelia 源于留尼汪岛泰米尔语中该植物的名字 tsjeru kandel。
candel 糖果。

604. ***Karelinia caspia*** **菊科　花花柴属　花花柴（胖姑娘娘）**
Karelinia 俄国探险家 Grigory Karelin（1801—1872）。
caspia 里海的。

605. ***Kerria japonica*** **蔷薇科　棣 [dì] 棠花属　棣棠花（鸡蛋黄花、土黄条）**
Kerria 18 世纪英国园艺学家、植物采集者 William Kerr（？—1814）。曾在东亚采集过标本。
japonica 日本的。

606. ***Koelreuteria paniculata*** **无患子科　栾树属　栾树（木栾、栾华、五乌拉叶、乌拉、乌拉胶、黑色叶树、石栾树、黑叶树、木栏牙）**
Koelreuteria 德国植物学家 Joseph G. Koelreuter（1733—1806）。
paniculata 圆锥花序的、下垂的。

607. ***Kolkwitzia amabilis*** **忍冬科　蝟 [wèi] 实属　蝟实（猬实）**
Kolkwitzia 德国植物学教授 Richard Kolkwitz（1873—1956）。Kolkwitz 曾在柏林大学从事自然科学研究，后成为柏林自由大学的植物学教授。
amabilis 可爱的、娇美的。指其果实样子很可爱。

608. ***Lactuca sativa* var. *ramosa*** **菊科　莴苣属　生菜（莴苣）**

Lactuca 拉丁语，意为“具有白色乳汁的”。Lactuca 和 lactic 都与乳汁有关，都来自相同的词根“lactis”。

sativa 栽培的。

ramosa 多枝的。

609. ***Lagenaria siceraria*** **葫芦科　葫芦属　葫芦（瓠 [hù]）**

Lagenaria 源于古典拉丁语的 lagena，意为“瓶子”；-aria，后缀。

siceraria 烈酒。来自拉丁语的 sicera，sicera 源于希腊语的 sikera，意为“烈酒”。sikera 又源于希伯来语的 shekar，原指一种发酵的酒。

610. ***Lagerstroemia indica*** **千屈菜科　紫薇属　紫薇（痒痒花、痒痒树、紫金花、紫兰花、蚊子花、西洋水杨梅、百日红、无皮树）**

Lagerstroemia 林奈的朋友瑞典人 Magnus Lagerstroem（1691—1759）。

indica 印度的。

611. ***Lagerstroemia speciosa*** **千屈菜科　紫薇属　大花紫薇（大叶紫薇、百日红）**

Lagerstroemia 同前。

speciosa 引人注意的、外观美丽的、华丽的。

612. ***Lagopsis supina*** **唇形科　夏至草属　夏至草（灯笼棵、夏枯草、白花夏枯、白花益母）**

Lagopsis 密被长毛柄的、像兔足的。

supina 匍匐的、朝天的。

613. ***Lantana camara*** **马鞭草科　马缨丹属　马缨丹（五色梅、五彩花、臭草、如意草、七变花）**

Lantana 被棉毛的。

camara 为一种植物的南美土名。

614. ***Lappula myosotis*** **紫草科　鹤虱属　鹤虱（鹄 [hú] 虱、鬼虱、北鹤虱）**

L

Lappula 有小芒刺的果皮。指本属植物的果实密被小芒刺。

myosotis 来自希腊语，意为“老鼠耳朵”。指花瓣的形状像老鼠的耳朵。

615. ***Larix gmelinii* 松科　落叶松属　落叶松（意气松、一齐松、兴安落叶松、大果兴安落叶松、粉果兴安落叶松、齿果兴安落叶松、达乌里落叶松、达乌里落叶松兴安变种）**

Larix 希腊语 larix，意为“落叶松”。另一说：拉丁语，来自凯尔特语，lar 指油脂。

gmelinii 德国自然学家、植物学家、昆虫学家、爬虫学家和软体动物学家 Johann Friedrich Gmelin（1748—1804）。

616. ***Larix kaempferi* 松科　落叶松属　日本落叶松**

Larix 同前。

kaempferi 德国医生和植物学家 Engelbert（Englebrecht）Kaempfer（1651—1715）。Kaempfer 曾在瑞典驻波斯的使馆工作过，是《可爱的外来植物》（*Amoenitatum Exoticarum*, 1712）一书的作者。

617. ***Larix principis-rupprechtii* 松科　落叶松属　华北落叶松（落叶松、雾灵落叶松）**

Larix 同前。

L

principis-rupprechtii principis 为 princeps（帝王）的所有格，意为帝王的、为首的；rupprechtii，人名。有棕榈科植物被林奈命名为 *principes*，为植物王国的“主公”之意。指其树形优美高大。

618. ***Lathyrus davidii* 豆科　山黧豆属　大山黧豆（茳 [jiāng] 芒决明、香豌豆、大豆花、大豌豆、豌豆花、野豌豆、山黧豆）**

Lathyrus 山黧豆的希腊古名。古希腊哲学家、自然科

学家泰奥弗拉斯托斯（Theophrastus，约公元前372—约公元前287）使用的栽培山黧豆（*Lathyrus sativus*）的名字。

davidii 法国传教士J. P. A. David（1828—1900）。David中文名叫作谭卫道，生于法国南部。曾在中国采集植物标本。1862年，他被教会选中，派遣到中国传教。1862—1866年，他在中国华北地区采集动植物标本，曾远达内蒙古阿拉善地区。一生采集了四不像（法国动物学家A. Milne-Edwards以谭卫道的姓氏将该种命名为*Elaphurus davidianus*）、大熊猫［同样是A. Milne-Edwards将其命名为*Ailuropoda*（具有熊脚的）*melanoleuca*（黑白色的）］、珙桐（H. E. Baillon将其命名为*Davidia involucrata*）。法国巴黎自然史博物馆的佛朗谢（A. Franchet）命名了近2000种中国植物，这些植物多由3个法国天主教神甫（谭卫道J. P. A. David、赖神甫P. J. M. Delavay和法尔日P. Farges）采集。

619. ***Lavandula angustifolia*** **唇形科　薰衣草属　薰衣草（香水植物、灵香草、香草、黄香草）**

Lavandula 林奈使用的Lavandula被认为是来自古法语lavandre，而该法语词又来自拉丁语lavare一词，意为“洗”，指对该植物浸液的利用，但这种说法目前仍不确定。也可能来自拉丁语livere一词，意为“带青色的”。

angustifolia 狭叶的。angusti-，狭窄的；folia，叶。

620. ***Leontopodium leontopodioides*** **菊科　火绒草属　火绒草（火绒蒿、大头毛香、老头草、老头艾）**

Leontopodium 像狮子足的。leonto-，意为“狮子的”；pódion，意为“脚的、足的”。指本种毛茸茸、壮实的“花瓣”（实际上是苞片）组合很像狮子的足爪。

leontopodioides 像火绒草属（*Leontopodium*）的；-oides，

像……的。

621. ***Leonurus artemisia*** **唇形科　益母草属　益母草（益母蒿、坤草、野麻、九重楼、野天麻、益母花、童子益母草、铁麻干、野芝麻、溪麻、六角天麻、野故草、鸡母草、红花艾、云母草、鸭母草、三角小胡麻、爱母草、红花益母草、臭艾、燕艾、臭艾花、红花外一丹草、红艾、艾草、地落艾、益母艾、假青麻草、大样益母草、红梗玉米膏、黄木草、玉米草、地母草、灯笼草、益母夏枯）**

Leonurus 狮子尾巴。指花序像狮子的尾巴。

artemisia 希腊神话中的月亮和狩猎女神 Ártemis（或 Artemis），或古希腊森林和山陵女神。Artemis 是太阳神阿波罗（Apollo）的孪生妹妹，最初是森林与自然之神，相当于罗马神话中的狄安娜（Diana），因此以“林中的狄安娜”(Diana Nemorensis)为人所知。由植物(森林）女神又引申为丰收女神。其别名之一是“Orthia”，意为“挺立”，这与树的形象有关。在爱奥尼亚的厄斐索斯，Artemis 作为丰收女神特别受到崇拜，在这里曾修建了著名的 Artemis 神庙。Artemis 作为丰收女神，又转成儿童诞生的保护神。有学者认为 Apollo 和 Artemis 最初都不是希腊神。用这个属名是指该属植物多生于森林和山陵中。

L

622. ***Lepidium apetalum*** **十字花科　独行菜属　独行菜（腺独行菜、腺茎独行菜）**

Lepidium 小鳞片。公元 1 世纪希腊的医生和植物学家佩达纽斯·迪奥斯科里季斯（Dioscorides）原本指的是水芹（cress）。指果实的形状像鳞片。

apetalum 无花瓣的。a-，没有、无；petalum，花瓣。

623. ***Lepidium capitatum*** **十字花科　独行菜属　头花独行菜**

Lepidium 同前。

capitatum 有头的、形成头的。

624. ***Lepidium latifolium*** **十字花科　独行菜属　宽叶独行菜（大辣、止痢草）**

Lepidium 同前。

latifolium 宽叶的。lati-，宽的；folium，叶。

625. ***Lepidium meyenii*** **十字花科　独行菜属　玛卡（玛咖）**

Lepidium 同前。

meyenii 德国医生、旅行家和植物标本采集人 Franz Julius Ferdinand Meyen（1804—1840）。

626. ***Leptodermis pilosa*** **茜草科　野丁香属　川滇野丁香（小叶野丁香）**

Leptodermis 薄皮的。希腊语 leptos，意为“薄的”；derma，意为“皮”。指该属植物果皮薄。

pilosa 拉丁语，多毛的。

627. ***Lespedeza bicolor*** **豆科　胡枝子属　胡枝子（萩 [qiū]、胡枝条、扫皮、随军茶）**

Lespedeza 18 世纪末，法国植物学家兼探险家 A. Michaux 到美国的佛罗里达探险，得到了佛罗里达总督 V. M. Céspedez 的赞助，于是他把他新建立的一个属命名为 Cespedeza，但因为他的手稿太潦草，被排字工写成了 Lespedeza，而根据命名法则，一旦发表，就不能更改了。

bicolor 二色的。bi-，二；color，颜色。

628. ***Lespedeza daurica*** **豆科　胡枝子属　兴安胡枝子（达呼尔胡枝子、毛果胡枝子）**

Lespedeza 同前。

daurica 意为达呼里的（西伯利亚地方）。

629. ***Leucaena leucocephala*** **豆科　银合欢属　银合欢（白合欢）**

Leucaena 希腊语 leukos，意为“白色”。指该种花为

白色。

leucocephala 白头的。leuco- 或 leuko-，前缀，白色的；cephala，头状的。

630. ***Leymus mollis* 禾本科　赖草属　滨麦**

Leymus 由 *Elymus*（披碱草属）颠倒字母顺序而构成的新词。

mollis 柔软的毛。

631. ***Leymus secalinus* 禾本科　赖草属　赖草**

Leymus 同前。

secalinus 像黑麦的。*Secale*，黑麦属。

632. ***Ligularia dictyoneura* 菊科　橐 [tuó] 吾属　网脉橐吾（酥油花）**

Ligularia 具舌的。

dictyoneura 具网状脉的。

633. ***Ligularia sibirica* 菊科　橐吾属　橐吾（西伯利亚橐吾、北橐吾）**

Ligularia 同前。

sibirica 西伯利亚的。

634. ***Ligustrum lucidum* 木犀科　女贞属　女贞（青蜡树、大叶蜡树、白蜡树、蜡树）**

Ligustrum 古拉丁语 ligustrum，为一种水蜡树；ligo，雀嘴锄。

L

lucidum 光亮的、闪光的、光泽的。

635. ***Ligustrum quihoui* 木犀科　女贞属　小叶女贞（小叶冬青、小白蜡、楝青、小叶水蜡树）**

Ligustrum 同前。

quihoui 法国人 M. Quihou。Quihou 曾任巴黎主题公园 Jardin d'Acclimatation 的主管。

636. ***Lilium brownii* var. *viridulum* 百合科　百合属　百合（野百合）**

Lilium 源于希腊语的 leírion，一般认为是指圣母百合（Madonna lily）的代表种，是真正的白色百合。该词借自埃及古语的 hleri，意为“花”。Meillet 认为该种的埃及古语和希腊语词都来自一种已经绝迹的地中海东部的分支语言。希腊语也用 krīnon 称呼那些非白色的百合。

brownii 出生于苏格兰的英国植物学家 Robert Brown（1773—1858）。另一说：美国的牧场主 Joseph R. Brown。

viridulum 绿色的。

637. ***Lilium lancifolium* 百合科　百合属　卷丹（虎皮百合、倒垂莲、药百合、黄百合、宜兴百合、南京百合）**

Lilium 同前。

lancifolium 披针叶的。lanci-，披针形的；folium，叶。

638. ***Limonium aureum* 白花丹科　补血草属　黄花补血草（黄花矶松、黄花苍蝇架、黄里子白、干活草、石花子、金佛花、金匙叶草、金色补血草）**

Limonium 公元 1 世纪希腊的医生和植物学家佩达纽斯·迪奥斯科里季斯（Dioscorides）所用的名字 leimwnion，原指的是一种草甸植物。

aureum 拉丁语，金黄色的。

639. ***Limonium bicolor* 白花丹科　补血草属　二色补血草（苍蝇架、苍蝇花、蝇子架、二色矶松、二色匙叶草、矶松）**

Limonium 同前。

bicolor 二色的。bi-，二；color，颜色。

640. ***Linnaea borealis* 忍冬科　北极花属　北极花（林奈花、林奈木、北极林奈草）**

Linnaea 林奈。植物拉丁名命名有很多严格的规则，如不能以自己的名字命名新种就是其中的规定之一。但林奈作为该命名法规的创始人，在命名新种属种的

时候，享有很多特权。如命名人的缩写，在众多的命名人中，只有林奈一个人可以用一个字母（“L.”）来代表命名人，其他的命名人则不能用一个字母来代表姓名的缩写。以本属为例，林奈竟然能够用自己的姓氏作为属名。

borealis 北方的。

641. ***Linum usitatissimum* 亚麻科　亚麻属　亚麻（鸦麻、壁虱胡麻、山西胡麻）**

Linum 新拉丁语，意为亚麻（flax）。

usitatissimum 极平常的、极普通的。

642. ***Liriodendron chinense* 木兰科　鹅掌楸属　鹅掌楸(马褂木、双飘树）**

Liriodendron 像百合的树木。希腊语 leirion，意为“百合”；dendron，意为“树木”。指该属植物花的外观似百合花。

chinense 中国的。

643. ***Litchi chinensis* 无患子科　荔枝属　荔枝（离枝）**

Litchi 中国名字“荔枝”的音译。

chinensis 中国的。

644. ***Lithocarpus glaber* 壳斗科　柯属　柯（石栎、椆、珠子栎、槠子）**

Lithocarpus 石头果实的。希腊语 lithos，意为“石头”；karpos，意为“果实”。指该种果壳坚硬如石。

glaber 极光秃的。

645. ***Lithops lesliei* 番杏科　石生花属　石生花（黄花、黄紫勋）**

Lithops 像石头的。希腊语 lithos，意为“石头”；-ops，像……的。

lesliei 英国出生的建筑师、植物采集者和摄影师 Thomas Nicholas Leslie（1858—1942），于 1881 年移

民南非。

646. ***Lobularia maritima*** **十字花科　香雪球属　香雪球（庭芥、小白花、玉蝶球）**

Lobularia 分裂的、裂片的。

maritima 海洋的、生于岸边的、滨海生的、盐生的。

647. ***Lolium temulentum*** **禾本科　黑麦草属　毒麦（黑麦子、小尾巴麦子、闹心麦）**

Lolium 古罗马诗人维吉尔 Virgil（或 Vergil）（公元前 70—公元前 19）所指的一种杂草。

temulentum 垂头的、俯垂的、陶醉的。

648. ***Lonicera japonica*** **忍冬科　忍冬属　忍冬（金银花、金银藤、银藤、二色花藤、二宝藤、右转藤、子风藤、蜜桷藤、鸳鸯藤、老翁须）**

Lonicera 德国植物学家 Adam Lonicer（1528—1586）。

japonica 日本的。

649. ***Lonicera maackii*** **忍冬科　忍冬属　金银忍冬（王八骨头、金银木、胯杷 [pá] 果）**

Lonicera 同前。

maackii 19 世纪俄国自然学家 Richard Karlovich Maack。

650. ***Loropetalum chinense*** **var.** ***rubrum*** **金缕梅科　檵 [jì] 木属　红花檵木（檵木）**

Loropetalum 舌状花瓣的。

chinense 中国的。

rubrum 红色的。

651. ***Loropetalum chinense*** **金缕梅科　檵木属　檵木**

Loropetalum 同前。

chinense 中国的。

652. ***Lupinus micranthus*** **豆科　羽扇豆属　羽扇豆（鲁冰花、鲁冰豆）**

Lupinus 该属植物的古罗马名称。罗马语称之为

lupini，是在罗马帝国时代广泛栽培的植物。英语名称为 lupin，因此汉语音译为“鲁冰花”或“鲁冰豆”（lupin beans）。

micranthus 小花的。希腊语 micro，意为“小的”；anthos，意为“花”。

653. ***Lychnis fulgens*** **石竹科　剪秋罗属　剪秋罗（大花剪秋罗）**

Lychnis 灯。指本属一些植物带毛的叶可用作油灯的灯芯。

fulgens 光辉的、光亮的。指本种具美丽漂亮的花。

654. ***Lycium barbarum*** **茄科　枸杞属　宁夏枸杞（中宁枸杞、津枸杞、山枸杞）**

Lycium 希腊语 lykion，指一种多刺的植物。另一说：拉丁语、小亚细亚古国语 licia。

barbarum 异域的、外来的。

655. ***Lycium ruthenicum*** **茄科　枸杞属　黑果枸杞**

Lycium 同前。

ruthenicum 鲁塞尼亚（乌克兰西部一地区，地处欧洲东部和俄罗斯西部）的。

656. ***Lycopersicon esculentum*** **茄科　番茄属　番茄（蕃柿、西红柿）**

Lycopersicon 狼桃。源于希腊语，意为“狼桃”（而该希腊语又可能来自德国一个古老的传说，因古代巫师用颠茄果把人变成狼，因此就把颠茄果叫作狼桃）。lyco-，狼；persicum，桃。狼桃这个名字目前仍被一些园丁、农民和种子公司使用。

esculentum 可食用的。

657. ***Lycoris radiata*** **石蒜科　石蒜属　石蒜（红花石蒜、曼珠沙华、红色彼岸花、蟑螂花、龙爪花）**

Lycoris 希腊语，意为黎明、黄昏、暮光、暮年。

radiata 鳍 [qí] 刺的、放射的、辐射状的。

658. ***Lygodium japonicum*** **海金沙科　海金沙属　海金沙（金沙藤、左转藤、竹园荽）**

Lygodium 像柳树的。指该属植物攀援的茎像柳树枝条。

japonicum 日本的。

659. ***Lysimachia christinae*** **报春花科　珍珠菜属　过路黄（金钱草、真金草、走游草、铺地莲）**

Lysimachia 纪念古西西里（意大利）国王 Lysimachus，传说他曾用此属中的一些植物治好了一头疯公牛。

christinae 指 Christina du Toit-Reitz 女士。该女士到底是做什么的，已无从考证。

660. ***Lysimachia davurica*** **报春花科　珍珠菜属　黄连花**

Lysimachia 同前。

davurica 达呼里（西伯利亚地方）的。

661. ***Lysimachia pentapetala*** **报春花科　珍珠菜属　狭叶珍珠菜**

Lysimachia 同前。

pentapetala 五瓣花的。penta-，五的；petala，花瓣。

662. ***Lythrum salicaria*** **千屈菜科　千屈菜属　千屈菜**

Lythrum 黑血的。公元 1 世纪希腊的医生和植物学家佩达纽斯·迪奥斯科里季斯（Dioscorides）所用的名字。可能指该属某些种黑血色的花。

salicaria 像柳的。*Salix*，柳属；caria，像……的。

663. ***Macadamia ternifolia*** **山龙眼科　澳洲坚果属　澳洲坚果（昆士兰栗、澳洲胡桃、夏威夷果、昆士兰果）**

Macadamia 苏格兰裔澳大利亚化学家、医学教师和政治家 John Macadam。由德裔澳大利亚植物学家 Ferdinand von Mueller 于 1857 年建立的属，以纪念 Macadam。

ternifolia 三叶的。terni-，三的；folia，叶。

664. ***Macleaya cordata*** **罂粟科　博落回属　博落回（勃逻**

回、勃勒回、落回、菠萝筒、喇叭筒、喇叭竹、山火筒、空洞草、号筒杆、号筒管、号筒树、号筒草、大叶莲、野麻杆、黄杨杆、三钱三、黄薄荷）

Macleaya 苏格兰昆虫学家 Alexander Macleay（1767—1848）。

cordata 心形的。指叶的形状。

665. ***Magnolia denudata* 木兰科　木兰属　玉兰（木兰、玉堂春、迎春花、望春花、白玉兰、应春花）**

Magnolia 法国植物学家 Pierre Magnol（1683—1751）。另一位法国植物学家 Charles Plumier（1646—1704）用 Magnolia 描述了一个在马提尼克岛（Martinique，法国的海外大区，位于小安地列斯群岛的向风群岛最北部）的一种开花的树，实际上是一种木兰。

denudata 剥落了的、使裸露的。指本种的花先叶开放。

666. ***Magnolia grandiflora* 木兰科　木兰属　荷花玉兰（洋玉兰、广玉兰）**

Magnolia 同前。

grandiflora 大花的。grandi-，大的；flora，花。

667. ***Magnolia liliflora* 木兰科　木兰属　紫玉兰（辛夷、木笔）**

Magnolia 同前。

liliflora 百合花的。lili，即 lily，百合；flora，花。

668. ***Magnolia officinalis* 木兰科　木兰属　厚朴 [pò]（川朴、紫油厚朴）**

M

Magnolia 同前。

officinalis 药用的。

669. ***Magnolia soulangeana* 木兰科　木兰属　二乔木兰(苏郎木兰、珠砂玉兰、紫砂玉兰）**

Magnolia 同前。

soulangeana 法国军官、政治家、外交官和园艺学家

Étienne Soulange-Bodin（1774—1846）。曾培育出二乔玉兰。

670. ***Mahonia bealei* 小檗 [bò] 科　十大功劳属　阔叶十大功劳（土黄柏、土黄连、八角刺、刺黄柏、黄天竹）**

Mahonia 美国园艺家 Bernard M' Mahon（1775—1816）。是《美国园丁日历》（*The American Gardener's Calendar*）的作者。

bealei 很可能是纪念一个名为 Beale 的人，他曾于 19 世纪早中期在中国居住过。但到今天已经不清楚这个值得纪念的人到底是哪个 Beale 了。根据很多史学家的观点，苏格兰商人、1851 年葡萄牙驻上海领事 Thomas Chaye Beale 最有可能。

671. ***Mahonia bodinieri* 小檗科　十大功劳属　小果十大功劳**

Mahonia 同前。

bodinieri 法国 19 世纪传教士和植物学家 Émile-Marie Bodinier。曾在中国采集过植物。

672. ***Mahonia fortunei* 小檗科　十大功劳属　十大功劳（老鼠刺、猫刺叶、黄天竹、土黄柏）**

Mahonia 同前。

fortunei 苏格兰植物学家、植物采集人、旅行家和茶叶间谍 Robert Fortune（1812—1880）。

673. ***Malus baccata* 蔷薇科　苹果属　山荆子（林荆子、山定子）**

Malus 希腊语 malos，意为“苹果树”。

baccata 浆果状的、似浆果的。

M

674. ***Malus pumila* 蔷薇科　苹果属　苹果（奈、西洋苹果）**

Malus 同前。

pumila 矮小的。

675. ***Malus spectabilis* 蔷薇科　苹果属　海棠花（海棠）**

Malus 同前。

spectabilis 值得注意的、显著的、重要的。

676. ***Malus transitoria*** **蔷薇科 苹果属 花叶海棠（花叶杜梨、马杜梨、小白石枣、涩枣子、细弱海棠）**

Malus 同前。

transitoria 短促的。

677. ***Malva verticillata*** **锦葵科 锦葵属 野葵（冤葵、旅葵、棋盘菜、土黄芪、蓍葵叶、芪菜、巴巴叶、把把叶、棋盘叶、冬苋菜）**

Malva 拉丁语 malva，与希腊语的 malakhē 同宗，意为“锦葵”，这两个词都可能来自一种地中海的语言。

verticillata 有涡漩的、轮生的、有螺纹的、轮旋状的。

678. ***Mangifera indica*** **漆树科 杧果属 杧果（马蒙、抹猛果、莽果、望果、蜜望、蜜望子）**

Mangifera 产杧果的。马拉西亚土名 mango，意为“杧果”；拉丁文 -fera，意为“具有……的”。

indica 印度的。

679. ***Mangifera persiciformis*** **漆树科 杧果属 扁桃（酸果、天桃木）**

Mangifera 同前。

persiciformis 像桃树形状的。persi-，桃的、像桃子的；formis，形状的。指该种的叶像桃叶。

680. ***Manihot esculenta*** **大戟科 木薯属 木薯（树葛）**

Manihot 木薯（cassava）的巴西名字。

esculenta 可吃的、可食用的。

M

681. ***Mansoa alliacea*** **紫葳科 蒜香藤属 蒜香藤（紫铃藤、张氏紫葳）**

Mansoa 巴西植物学家 A. P. da Silva Manso。另一说：Mansoa 是几内亚比绍的第四大河。

alliacea 像大蒜的。指本种的花具大蒜的味道。

682. ***Maranta arundinacea*** **var.** ***variegata*** **竹芋科 竹芋**

属　斑叶竹芋（竹芋）

Maranta 威尼斯植物学家 Bartolomea Maranti。

arundinacea 像芦竹的。*Arundo*，芦竹属。

variegata 杂色的、具彩斑的、多变的、具不同颜色的。

683. ***Maranta arundinacea* 竹芋科　竹芋属　竹芋（孔雀竹芋）**

Maranta 同前。

arundinacea 同前。

684. ***Matthiola incana* 十字花科　紫罗兰属　紫罗兰（卓玛花）**

Matthiola 意大利医生和自然学家 Pietro Andrea Mattioli（亦被称作 Pietro Andrea Gregorio Mattioli 或 Matthiolus）（1501—1577）。Mattioli 出生于锡耶纳（位于南托斯卡纳地区，在佛罗伦萨以南大约 50 公里，在阿尔西亚和阿尔瑟河河谷之间基安蒂山三座小山的交汇处）。

incana 很灰的、灰白的、被灰白色毛的。

685. ***Mazus japonicus* 玄参科　通泉草属　通泉草**

Mazus 乳头。指花冠的形状像乳头。

japonicus 日本的。

686. ***Meconopsis integrifolia* 罂粟科　绿绒蒿属　全缘叶绿绒蒿（鹿耳菜、慕琼单圆、黄芙蓉、雅片花）**

Meconopsis 像罂粟的。希腊语 mekon，意为“罂粟”；-opsis，意为“像……的”。最早由法国植物学家 Viguier 于 1814 年描述。

integrifolia 全缘叶的。integri-，完整的；folia，叶。

687. ***Medicago sativa* 豆科　苜蓿属　紫苜蓿（苜蓿）**

Medicago 源于本种的拉丁文名称 medica，而 medica 又源于希腊语 median，意为“草”。

sativa 栽培的。

688. ***Melaleuca leucadendron* 桃金娘科　白千层属　白千层**

Melaleuca 黑白色的。mela-，黑色的；leuca，白色的。

leucadendron 具白色枝茎的。leuca，白色的；希腊语 dendron，意为“树”。指本种的树皮和嫩枝都呈灰白色。

689. ***Melia azedarach* 楝 [liàn] 科 楝属 楝（苦楝、楝树、紫花树、森树）**

Melia 希腊语 melia，楝树。古希腊哲学家、自然科学家泰奥弗拉斯托斯（Theophrastus，约公元前 372—约公元前 287）原本用 melia 一词指一种白蜡（*Fraxinus ornus*），这种白蜡与本属植物具有类似的叶。

azedarach 楝树的阿拉伯语名称。

690. ***Melilotus officinalis* 豆科 草木犀属 草木犀（辟汗草、黄香草木犀）**

Melilotus 蜜源荷花（Honey-lotus）。古希腊哲学家、自然科学家泰奥弗拉斯托斯（Theophrastus，约公元前 372—约公元前 287）所用的名字。指草木犀属植物（尤指黄花草木犀）对蜜蜂的吸引。

officinalis 药用的。

691. ***Meliosma myriantha* var. *discolor* 清风藤科 泡花树属 异色泡花树（多花泡花树、山东泡花树）**

Meliosma 具蜂蜜香味的。指本属植物的花具香味。

myriantha 密花的、多花的。

discolor 异色的、不同色的。dis-，不同的；color，颜色。

692. ***Mentha haplocalyx* 唇形科 薄荷属 薄荷（野薄荷、南薄荷、夜息香、野仁丹草、见肿消、水薄荷、水益母、接骨草、土薄荷、鱼香草、香薷草）**

Mentha 希腊语本属植物的名称 míntha。

haplocalyx 单萼的。haplo-，简单的、单一的；calyx，花萼。

693. ***Mesembryanthemum cordifolium* 番杏科 日中花属 心叶日中花（牡丹吊兰、花蔓草、露花）**

Mesembryanthemum 中午的花。源于希腊语的词根

μεσημβρία，意为“中午”；ἄνθεμον，意为“花”。指 *Mesembryanthemum* 这种植物在正午开花。Jacob Breyne 于 1684 年建立这个属。1719 年，人们发现有些该属的植物也在夜间开花，Johann Jacob Dillenius 把属名改写为“*Mesembryanthemum*”，也是来自希腊语的 middle，意为“中间的”和意为“未成熟的果实或胚胎”。

cordifolium 心形叶的。cordi-，心形的；folium，叶。

694. ***Mespilus germanica* 蔷薇科　欧楂属　欧楂**

Mespilus 半融化的。古希腊哲学家、自然学家、植物学家泰奥弗拉斯托斯（Theophrastus，约公元前 372—约公元前 287）称之为 mespilh sataneioj。指果实上半部分看上去像是缺失了的样子。

germanica 生于德国的。

695. ***Messerschmidia sibirica* 紫草科　砂引草属　砂引草（秃老婆蒿）**

Messerschmidia 希腊语 mesos，意为“在中间、中间的、一半的”；melaina，意为“黑色的”。指本属植物总苞片的形状与颜色。

sibirica 西伯利亚的。

696. ***Mesua ferrea* 藤黄科　铁力木属　铁力木（铁栗木、铁棱、莫拉）**

Mesua 波斯或亚述景教徒、Gundishapur（伊朗胡齐斯坦省的城市）科学院的医生 J. Mesue（777—857），他同时还有很多其他名字，如 Yuhanna ibn Masawaih、阿拉伯名字 يوحنابنماسويه、Ibn Masawaih 或 Masawaiyh，他的拉丁名字也有很多，包括 Mesue、Masuya、Mesue Major、Msuya 或 Mesue the Elder。

ferrea 铁、铁的、铁制的、坚硬的、不能弯曲的。指本种植物的木材坚硬。

697. ***Metaplexis japonica*** **萝藦科　萝藦属　萝藦（芄 [wán] 兰、斫 [zhuó] 合子、白环藤、羊婆奶、羊角、天浆壳、蔓藤草、奶合藤、土古藤、浆罐头、奶浆藤、斑风藤、老鸹瓢、哈喇瓢、鹤光飘、洋飘飘、天将果、千层须、飞来鹤、乳浆藤、鹤瓢棵、野蕻 [hóng] 菜、赖瓜瓢、老人瓢）**

Metaplexis 希腊语 meta，意为“在另一边、改变、分享、在……之后、在……之间”；plektos，意为“扭曲的、把……编成辫绳、编织”。指雄蕊、花冠或绳状的茎。

japonica 日本的。

698. ***Metasequoia glyptostroboides*** **杉科　水杉属　水杉（活化石、梳子杉）**

Metasequoia 源自希腊语，意为“与北美红杉相关的”。meta-，意为“在后面的、改变的、古老的、代替……的”；*Sequoia*，北美红杉属。意指本属与北美红杉属有亲缘关系。日本人三木茂发现了一种与红杉（*Sequoia*）相近而又不尽一样的植物化石，1941 年发表的时候命名为 *Metasequoia*。meta 为变化、改变之意，以示和红杉相关但不完全相同。水杉的学名在命名人处有 Miki ex Hu et Cheng，Miki 为日本人三木茂，ex 之后为胡先骕和郑万钧，说明在胡先骕和郑万钧命名时，三木茂在较早前对该属植物曾有过深入的研究。

glyptostroboides 像水松的。*Glyptostrobus*，水松属（希腊语 glyptos，意为“刻痕”；strobos，意为“球果”。指球果具花纹）；-oides，意为“像……的”。指本种植物像水松。

699. ***Michelia figo*** **木兰科　含笑属　含笑花（含笑）**

Michelia 意大利植物学家 Pietro Antonio Micheli（1679—1737）。

figo 有魅力的、性感的、引人的、无花果。

700. ***Mikania micrantha*** **菊科　假泽兰属　薇甘菊（小花蔓泽兰、小花假泽兰）**

Mikania 捷克植物学家 Johann Christian Mikan（1743—1814）。

micrantha 小花的。源于希腊语的 micro-，意为“小的”；anthos，意为“花”。

701. ***Mimosa pudica*** **豆科　含羞草属　含羞草（知羞草、呼喝草、怕丑草）**

Mimosa 源于希腊语的 mimos，意为“演员或模仿（假装的）”；-osa，为阴性后缀，意为“像……的”。指本属植物对外界干扰非常敏感的叶，看上去像是“模仿假装有意识的生活”。

pudica 怕羞的、退缩的。

702. ***Miscanthus sinensis*** **禾本科　芒属　芒（细叶芒）**

Miscanthus 茎上开花的。指具有延长的花序（穗）。

sinensis 中国的。

703. ***Moluccella laevis*** **唇形科　贝壳花属　贝壳花（领圈花、象耳）**

Moluccella 来源不明。可能是指亮兔唇花（一种一年生的西亚唇形科植物，因其覆满不凋的壳状花萼的长茎而被人们作为观赏植物种植，多用作花卉）。

laevis 平滑的、无毛的。指本种的叶光滑无毛。

704. ***Monarda didyma*** **唇形科　美国薄荷属　美国薄荷（马薄荷、佛手甜）**

Monarda 西班牙医生、植物学家 Nicolás Bautista Monardes（1493—1588），他曾于 1574 年写了一本描述植物的书《新天地》（*The New World*）。另外，Monardes 比较著名的成就是他所写的西印度群岛药用植物方面的著作。

didyma 成对的、双胎的。常见于伞形科的花药及果实。

705. ***Monstera deliciosa*** **天南星科　龟背竹属　龟背竹**

Monstera 拉丁语，意为“巨大的、畸形的、丑陋的、与传说中怪物相像的、反常的、异常的、不规则的、变态的、畸形的、邪门儿的”。指本属一些种的叶子上有自然的洞。

deliciosa 美味的、满足感官的、过分甜美的、腻人的、十分性感的。

706. ***Monstera obliqua*** **天南星科　龟背竹属　多孔龟背竹（仙洞万年青）**

Monstera 同前。

obliqua 不相等的、歪斜的。指花的位置。

707. ***Morus alba*** **桑科　桑属　桑（家桑、桑树）**

Morus 希腊语 morea，意为“桑”。另一说：凯尔特语 morulus，意为“黑色的”。

alba 白色的。

708. ***Mucuna sempervirens*** **豆科　黧豆属　常春油麻藤（常绿油麻藤、牛马藤、棉麻藤）**

Mucuna 该属植物在南美一些地区的名字 Mucunã。名字来源于图皮 - 瓜拉尼语 [Tupi-Guarani 是图皮语系的一个分支，包括 Tupinamba，为瓜拉尼（Guarani）和其他一些从法属圭亚那南至巴拉圭、西至哥伦比亚东部地区的语言]。

sempervirens 意为常绿的。指为常绿树木。semper，永远的；virens，绿色的。

709. ***Murraya exotica*** **芸香科　九里香属　九里香（石桂树）**

Murraya 瑞典植物学家 John Andrew Murray（1704—1791）。

exotica 自外国输入的、外来的。

710. ***Musa basjoo*** **芭蕉科　芭蕉属　芭蕉（甘蕉、天苴 [jū]、板蕉、牙蕉、大叶芭蕉、大头芭蕉、芭蕉头、芭苴）**

Musa 拉丁化了的阿拉伯语 mauz，是芭蕉果实的名字。musa 一词在《11 世纪阿拉伯大百科全书》中有收录。为林奈于 1752 年建立的属。

basjoo 日本名字，指的是芭蕉植物上的纤维。

711. ***Mussaenda pubescens* 茜草科　玉叶金花属　玉叶金花（野白纸扇、良口茶）**

Mussaenda 该属植物僧伽罗语的土名。

pubescens 拉丁语，意为多毛的、成熟的、被短柔毛的。指本种叶缘及叶背面有毛。

712. ***Myosotis silvatica* 紫草科　勿忘草属　勿忘草**

Myosotis 来自希腊语，意为“老鼠耳朵”。指花瓣的形状像老鼠的耳朵。

silvatica 林地的、树林的。

713. ***Myrica rubra* 杨梅科　杨梅属　杨梅（山杨梅、朱红、珠蓉、树梅）**

Myrica 希腊语 myrike，柳树的古名。源于希腊语的 myrike，原意为“香的”。

rubra 红的。

714. ***Myricaria bracteata* 柽 [chēng] 柳科　水柏枝属　宽苞水柏枝（河柏、水柽柳、臭红柳）**

Myricaria 像杨梅属的。是荷马时代的古名 murikh，原指一种柽柳。

bracteata 具苞片的。

715. ***Myriophyllum verticillatum* 小二仙草科　狐尾藻属　狐尾藻（轮叶狐尾藻）**

Myriophyllum 多叶的。myrio-，多的、密的；phyllum，叶。

verticillatum 有涡漩的、轮生的、有螺纹的、轮旋状的。

716. ***Nandina domestica* 小檗科　南天竹属　南天竹（蓝田竹）**

Nandina 日语 nandin，意为南天竹。

domestica 培育的、栽培的、房子、家庭的、乡土的、

驯化的。

717. ***Narcissus tazetta* var. *chinensis* 石蒜科 水仙属 水仙（中国水仙、凌波仙子、金盏银台、落神香妃、玉玲珑、金银台、天蒜）**

Narcissus 真正的来源已经无从考证了，但人们经常把它与一个希腊词 narcotic 联系在一起，这个词的意思是“喝醉的、陶醉的、极度兴奋的”。另一说：名字来源于古希腊神话。希腊神话中的一个英俊少年，名叫纳西索斯或拿斯索斯（Narcissus），是河神 Cephisus 与仙女之子。纳西索斯出生后，母亲得到神谕：纳西索斯长大后，会是天下第一美男子，然而，他会因为迷恋自己的容貌，郁郁而终。纳西索斯后来果然长相非常英俊，少女们只要看到他就会情不自禁地爱上他。在一次狩猎中，水妖艾蔻（Echo）爱上了纳西索斯，但纳西索斯拒绝了她。艾蔻得不到纳西索斯对她的爱，于是，开始由爱生恨。艾蔻在复仇女神面前发下了诅咒：“让无法爱上别人的纳西索斯爱上自己！”就这样，她的诅咒开始应验了！当纳西索斯来到湖边弯下腰喝水时，看见湖面上映着自己俊美的倒影，便立刻爱上了自己。从此，他每天都到湖边来。起初是自我陶醉，渐渐地变成顾影自怜，最后终于扑向水中自己的倒影而死（另一说是滑入水中而溺死）。他死后的灵魂变成一朵孤挺而美丽的花，就是水仙花。但也有人认为 Narcissus 或许是源于一个伊朗神话。

tazetta 小杯子。指水仙花蕊外面有一个如碗一般的保护罩。

chinensis 中国的。

718. ***Nelumbo nucifera* 睡莲科 莲属 莲（莲花、芙蕖 [qú]、芙蓉、菡萏 [hàndàn]、荷花）**

Nelumbo 该属植物的僧伽罗语名字。

nucifera 具坚果的。

719. ***Neolamarckia cadamba*** **茜草科　团花属　团花（黄梁木）**

Neolamarckia 本属是为了取代 *Anthocephalus* 而建立的，但它是根据两份不相关的标本建立的，其中一份贴错了标签，结果，真正的黄梁木属（*Anthocephalus*）成为了 *Breonia* 的同种异名。因此，还需要一个新的名字，因为它以前的名字大家都叫错了。

cadamba 东印度团花的印度名字 kadam 或 kadamba。kadamba 一词源于由 Banavasi 统治的 Kadamba 王朝（345—525 年），位于现在的印度卡纳塔克邦（旧称迈索尔邦）。团花树被 Kadamba 王朝尊为圣树。

720. ***Nepenthes mirabilis*** **猪笼草科　猪笼草属　猪笼草（猴子埕 [chéng]）**

Nepenthes 没有悲伤的。ne，意为"没有"；penthos，意为"悲伤"。猪笼草属的学名首次见于 1737 年卡罗勒斯·林奈（Carolus Linnaeus）的著作《克利福特园》（*Hortus Cliffortianus*）中。它来自荷马的《奥德赛》（*Odyssey*）中的一段话。说是埃及女王给了海伦一瓶名为"Nepenthes pharmakon"的药水。而"Nepenthe"的意思为"没有悲伤"。在希腊神话中，"Nepenthe"是一种可以让人遗忘所有悲伤的药物。林奈说道："如果这不是海伦的'忘悲水'，那它将是所有植物学家的。若在长途跋涉后发现这种美妙的植物，定会为之叹服，所有的不快都会忘记，并感叹大自然怎么会如此的神奇！"

mirabilis 奇特的、奇妙的、特别的、非常奇特的。

721. ***Nephelium lappaceum*** **无患子科　韶子属　红毛丹（韶子、毛龙眼、毛荔枝）** N

Nephelium 后期拉丁语 nephelion，源于希腊语的 nephelion，原指的是一种植物，可能是牛蒡 [bàng] 属

的植物。

lappaceum 芒刺状的。

722. ***Nephrolepis auriculata*** **肾蕨科　肾蕨属　肾蕨（圆羊齿、篦子草、凤凰蛋、蜈蚣草、石黄皮）**

Nephrolepis 肾状鳞片的。

auriculata 耳朵、听觉、耳状的。

723. ***Nerium indicum*** **夹竹桃科　夹竹桃属　夹竹桃（红花夹竹桃、柳叶桃树、洋桃、叫出冬、柳叶树、洋桃梅、枸那）**

Nerium 希腊语 nerion，是一种夹竹桃。另一说：希腊语 nero，意为“潮湿”。

indicum 印度的。

724. ***Nicandra physalodes*** **茄科　假酸浆属　假酸浆（冰粉、鞭打绣球、秘鲁苹果）**

Nicandra 古希腊诗人尼坎得（Nicander of Colophon）。尼坎得是一位古希腊的传奇人物，公元前 2 世纪的名医，他曾用罪犯进行试验来找出有效的解毒剂。他还曾写过植物方面的著作，特别是在他的诗中，涉及中毒和解药。

physalodes 像酸浆的。*Physalis*，酸浆属。

725. ***Nicotiana tabacum*** **茄科　烟草属　烟草（烟叶）**

Nicotiana 指法国外交官和学者 Jean Nicot（1530—1600）。Nicot 曾任法国驻里斯本大使，其间曾牵线 6 岁的瓦卢瓦公主和 5 岁的葡萄牙国王的婚姻。当 Nicot 返回国内时，他曾将烟草和鼻烟引入法国。他曾用烟叶治好了王后母亲的偏头痛。

tabacum 墨西哥土名，原指吸茄属植物叶做的烟。

726. ***Nitraria sibirica*** **蒺藜科　白刺属　小果白刺（西伯利亚白刺、白刺、酸胖、卡密）**

Nitraria 像盐碱地的。拉丁语 nitr，硝、土碱；aria，相似。

sibirica 西伯利亚的。

727. ***Nitraria sphaerocarpa* 蒺藜科　白刺属　泡泡刺（球果白刺、膜果白刺）**

Nitraria 同前。

sphaerocarpa 球状果的。sphaero-，圆球形头状的；carpa，果实。

728. ***Nitraria tangutorum* 蒺藜科　白刺属　白刺（酸胖、唐古特白刺）**

Nitraria 同前。

tangutorum 唐兀惕族的、唐古拉的。

729. ***Nymphaea tetragona* 睡莲科　睡莲属　睡莲（子午莲、茈 [zǐ] 碧莲、白睡莲）**

Nymphaea 来自希腊语的 nymphaia 和拉丁语的 nymphaea，意为"水中百合花"，为希腊和拉丁神话中的女神。

tetragona 四棱的、四角的。指本种花萼基部四棱形。

730. ***Nymphoides peltatum* 龙胆科　莕 [xìng] 菜属　莕菜（金莲子、莲叶荇菜、莲叶莕菜）**

Nymphoides 像睡莲的。*Nymphaea*，睡莲属；-oides，像……的。

peltatum 由盾保护着的、半月形的盾（crescent-shaped shield）。

731. ***Nyssa sinensis* 蓝果树科　蓝果树属　蓝果树（紫树、柅 [nǐ] 萨木）**

Nyssa 希腊神话和罗马神话中的水中女仙。

sinensis 中国的。

732. ***Oenanthe javanica* 伞形科　水芹属　水芹（水芹菜、野芹菜）**

Oenanthe 散发酒香的花。希腊语 oinos，意为"酒"；anthos，意为"花"。指该属植物的花具酒香味。

O

javanica 产于爪哇的。

733. ***Oenothera glazioviana* 柳叶菜科　月见草属　黄花月见草（红萼月见草、月见草）**

Oenothera 该词来源不清。首次出现在林奈的《自然系统》中，但相信来源于希腊语的 onos theras，意为“捕驴的人”，或者是 oinos theras，意为“葡萄酒搜寻者”。另一说：拉丁语 oenothera，意为“汁液可引起睡眠的植物”。

glazioviana 19 世纪法国植物学家 Auguste Francois Marie Glaziou。

734. ***Oenothera stricta* 柳叶菜科　月见草属　待宵草（夜来香、月见草、线叶月见草、山芝麻）**

Oenothera 同前。

stricta 直立的、笔直的、直而窄的。

735. ***Olea europaea* 木犀科　木犀榄属　木犀榄（油橄榄、齐墩果）**

Olea 希腊语 olaia，意为“洋橄榄”。

europaea 欧洲的。

736. ***Oncidium hybridum* 兰科　文心兰属　文心兰（跳舞兰、吉祥兰）**

Oncidium 希腊语 onkos，意为“肿胀、膨胀”。指花下唇的愈合组织结痂。瑞典植物学家和分类学家 Olof Swartz（1760—1818）于 1800 年首次描述该属。

O

hybridum 杂种。

737. ***Ophiopogon japonicus* 百合科　沿阶草属　麦冬（麦门冬、沿阶草）**

Ophiopogon 蛇胡须的。希腊语 ophis，意为“蛇”；pogon，意为“胡须或芒”。很可能是指该植物的叶成簇生的形态。

japonicus 日本的。

738. ***Oplismenus compositus*** **禾本科　求米草属　竹叶草（多穗缩箬 [ruò]）**

Oplismenus 古希腊语 hoplismenos，意为“武装的、有防卫器官的”。指植物颖片具芒。

compositus 复合的、复生的。

739. ***Opuntia stricta*** **var.** ***dillenii*** **仙人掌科　仙人掌属　仙人掌**

Opuntia 古希腊的奥普斯城（Opus）。据古希腊哲学家、自然科学家泰奥弗拉斯托斯（Theophrastus，约公元前 372—约公元前 287）所说，在奥普斯有一种可食用的植物，能够由其叶生根来繁殖。另一说：名称来自拉丁语 berba Opuntia，意思是“产自奥普斯的药草”。虽然实际上这种药草原本指的是什么已经无从考证了，但苏格兰植物学家 Philip Miller（1691—1771）仍然借用了这个名字来命名仙人掌属。

stricta 直立的、笔直的、直而窄的。

dillenii 牛津大学的植物学教授 Johann Jacob Dillenius（1687—1747）。Dillenius 也是 *Historia Muscorumand Hortus Elthamensis* 一书的作者。

740. ***Orobanche coerulescens*** **列当科　列当属　列当（兔子拐棍、独根草）**

Orobanche 古希腊语 orobos，意为“苦野豌豆”；ankhō，意为“抑制、压制、扼死、勒死、绞死、使……窒息”。

coerulescens 变成天蓝色的

741. ***Orobanche pycnostachya*** **列当科　列当属　黄花列当（独根草）**

Orobanche 同前。

pycnostachya 密穗的。pycno-，密的；stachya，穗。

742. ***Orostachys fimbriatus*** **景天科　瓦松属　瓦松（流苏瓦松、瓦花、瓦塔、狗指甲）**

Orostachys 高山水苏。*Stachys*，水苏属。

fimbriatus 具手指的、形成手指的。

743. ***Orychophragmus violaceus*** **十字花科 诸葛菜属 诸葛菜（二月蓝）**

Orychophragmus 希腊语 orycho 或 orysso，意为“挖掘、挖”；phragma，意为“篱笆、分隔”。指本属植物具有隔膜的角果。

violaceus 紫色的、紫蓝色的、紫罗兰色的。

744. ***Osmanthus fragrans*** **木犀科 木犀属 木犀（桂花）**

Osmanthus 希腊语 osme，意为“气味、芳香的”；anthus，意为“花”。指该属植物的花具很浓的香味。

fragrans 有香味的、芳香的。

745. ***Osmunda japonica*** **紫萁科 紫萁属 紫萁（高脚贯众、水骨菜、薇、紫蕨、紫萁贯众）**

Osmunda 指水手 Osmund 或者盎格鲁 - 萨克逊的雷神。

japonica 日本的。

746. ***Ostryopsis davidiana*** **桦木科 虎榛子属 虎榛子（棱榆）**

Ostryopsis 像铁木的。*Ostrya*，铁木属；-opsis，像…的。Ostrya 源于希腊语的 ostrua 一词，意为“像骨头的”，指本属植物具非常坚硬的木材。历史上，人们曾用其坚硬稳定的木材制作平板鞋底。虎榛子被一些林业工作者认为是“森林杂草”。

davidiana 法国传教士 J. P. A. David（1828—1900）。David 中文名叫作谭卫道，生于法国南部。

747. ***Oxalis corniculata*** **酢 [cù] 浆草科 酢浆草属 酢浆草（酸味草、鸠酸、酸醋酱）**

Oxalis 酸性盐。公元前 2 世纪希腊诗人、医生和文法学者尼坎德（Nicander）指该属植物的酸性味道。

corniculata 具小角的、小角形的。指本种的果实形状

像动物的角。

748. ***Oxalis corymbosa*** **酢浆草科　酢浆草属　红花酢浆草（大酸味草、铜锤草、南天七、紫花酢浆草、多花酢浆草）**

Oxalis 同前。

corymbosa 伞房花序的。

749. ***Oxalis triangularis*** **酢浆草科　酢浆草属　紫叶酢浆草（红叶酢浆草、三角酢浆草、紫叶山本酢浆草、酸浆）**

Oxalis 同前。

triangularis 三棱的、三角的。

750. ***Oxytropis aciphylla*** **豆科　棘豆属　猫头刺（刺叶柄棘豆、鬼见愁、老虎爪子）**

Oxytropis 尖锐的龙骨。指本属植物的花中尖锐的龙骨瓣。

aciphylla 尖叶的。aci-，像针的；phylla，叶。

751. ***Oxytropis glabra*** **豆科　棘豆属　小花棘豆（马绊肠、醉马草、绊肠草、苦马豆）**

Oxytropis 同前。

glabra 光滑的、无毛的。

752. ***Oxytropis sericopetala*** **豆科　棘豆属　毛瓣棘豆**

Oxytropis 同前。

sericopetala 花瓣具丝毛的。serico-，丝毛；petala，花瓣。

753. ***Pachira macrocarpa*** **木棉科　瓜栗属　瓜栗（发财树）** P

Pachira 属名来自圭亚那（Guyana）语中的土名。该属由 Jean Baptiste Aublet 于 1775 年定名。后来小林奈并没有注意到这个命名，于 1782 年重新命名了该属为 *Carolinea*，以纪念巴登公主卡洛琳（Sophia Caroline of Baden，1776—1841）。但根据优先权的植物命名法则，最终将属名给予了 *Pachira*。

macrocarpa 大果的。macro-，大的；carpa，果。

754. ***Pachypodium lamerei*** **夹竹桃科　棒捶树属　非洲霸王**

Pachypodium 粗脚的。拉丁语，源于希腊语的 pachus，

意为“厚的”; podion，意为“足”。pod- 是希腊语 podos、pous 的词根，意为“足”。指该属植物具粗壮肥大的茎干。

lamerei 是一个叫作 La Mere 的人，到底是哪一个 La Mere，他或她做了什么，已经无从考证了。

755. ***Pachyrhizus erosus* 豆科　豆薯属　豆薯（沙葛、地瓜、凉薯、番葛）**

Pachyrhizus 具肥厚肥壮根的。pachy-，厚的、壮的；rhizus-，根的。指该属状如萝卜的块状根。

erosus 啮蚀状的。指该种小叶中部以上不规则浅裂。

756. ***Padus racemosa* 蔷薇科　稠李属　稠李（臭耳子、臭李子）**

Padus 稠李的。希腊语，意为“稠李”。

racemosa 总状的、总状花序的。

757. ***Paeonia lactiflora* 毛茛科　芍药属　芍药（将离、离草、婪尾春、余容、犁食、没骨花、黑牵夷、红药）**

Paeonia 希腊语 Peion（亦称作 Paeon 或 Paieon）是希腊神话中的一个医生。

lactiflora 具乳白色花的。lacti-，牛奶、乳白色的、植物的白色乳汁；flora，花。

P

758. ***Paeonia suffruticosa* 毛茛科　芍药属　牡丹（鼠姑、鹿韭、白茸、木芍药、百雨金、洛阳花、富贵花）**

Paeonia 同前。

suffruticosa 半灌木状的、亚灌木的。

759. ***Panax ginseng* 五加科　人参属　人参（棒槌、圆参、黄参、地精）**

Panax 希腊语，意为“治百病的、万能的”，与“panacea”同根。林奈使用此名是因为他注意到该属植物在医药中的广泛用途，主要功能是使人放松。

ginseng 中文名“人参”的音译。

760. ***Pandanus utilis*** **露兜树科　露兜树属　扇叶露兜树（红运临头、红刺露兜树）**

Pandanus 露兜树的马来语名字。

utilis 有用的。

761. ***Panicum miliaceum*** **禾本科　黍 [shǔ] 属　稷 [jì]（黍、糜）**

Panicum 意大利小米（粟）。

miliaceum 属于小米的。本种常见的栽培品种包括稷黍（具黏性）和糜 [méi]（不具黏性，俗称糜子）。

762. ***Papaver nudicaule*** **罂粟科　罂粟属　野罂粟（山大烟、山米壳、野大烟、岩罂粟、山罂粟、小罂粟、橘黄罂粟）**

Papaver 或者"pappa"，是拉丁语，意为"食物或奶汁"。

nudicaule 茎秆光裸的。nudi-，裸的、光裸的；caule-，茎、茎秆。

763. ***Papaver rhoeas*** **罂粟科　罂粟属　虞美人（丽春花、赛牡丹、锦被花、百般娇、蝴蝶满园春、虞美人花）**

Papaver 同前。

rhoeas 希腊语，意为"红色的"。

764. ***Papaver somniferum*** **罂粟科　罂粟属　罂粟（鸦片、大烟、米壳花、罂子粟、御米、象谷、米囊、囊子、阿芙蓉）**

Papaver 同前。

somniferum 催眠的。

765. ***Parashorea chinensis*** **龙脑香科　柳安属　望天树（分界树、擎天树）**

Parashorea 像娑罗双的。希腊语，papa-，意为"像……的"；*Shorea*，娑罗双属。

chinensis 中国的。

766. ***Paris polyphylla*** **百合科　重楼属　七叶一枝花（蚤 [zǎo] 休）**

Paris 源于 pars 一词，指该属植物的对称美，也指植

物叶、花和果实的四倍数。

polyphylla 多叶的。poly-，多的；phylla，叶。

767. ***Parrotia subaequalis* 金缕梅科　银缕梅属　银缕梅**

Parrotia 德国自然学家和旅行家 Friedrich W. Parrot（1792—1841）。

subaequalis 一式的、相同的、相等的。

768. ***Parthenium hysterophorus* 菊科　银胶菊属　银胶菊**

Parthenium 来自希腊语的 parthenos，意为“处女的、原始的”。另一说：parthenion，是一种植物的古名字。

hysterophorus 来源不清，但 hystero-，意为“后面、后方、之后”的意思；-phorus 意为“承载其他东西的框架或总结构”。

769. ***Parthenocissus quinquefolia* 葡萄科　地锦属　五叶地锦（五叶爬山虎）**

Parthenocissus 希腊语 parthenos，意为“处女、少女”；kissos，意为“常春藤、常春藤属”。

quinquefolia 五出叶的。quinque-，五的；folia，叶。

770. ***Parthenocissus tricuspidata* 葡萄科　地锦属　地锦（土鼓藤、红葡萄藤、趴墙虎、爬山虎）**

Parthenocissus 同前。

P

tricuspidata 三凸头的。三尖头的、三尖的。指叶有时三浅裂。

771. ***Passiflora edulis* 西番莲科　西番莲属　鸡蛋果（洋石榴、紫果西番莲）**

Passiflora 激情的植物。由“passi”和“flora”结合而成。passi 是 passion（热情的、激情的意思），代表激情，flora 是植物、植物群的意思，两者结合就是“激情的植物”。在激情花（passion flower）中的“passion”，指耶稣基督神学的“激情”。15—16 世纪时，西班牙基督教传教士利用百香果花奇特的物理结构，尤其是

其花各部分的数字，作为耶稣最后几天的象征，特别是耶稣被钉死在十字架的象征。

edulis 可吃的、可食用的。

772. ***Paulownia tomentosa* 玄参科　泡桐属　毛泡桐（紫花桐、冈桐、日本泡桐）**

Paulownia 俄国沙皇保罗一世的儿子 Anna Paulowna（1795—1865）。

tomentosa 毛的、被绒毛的。指本种幼枝及叶均具柔毛。

773. ***Pedicularis chinensis* 玄参科　马先蒿属　中国马先蒿**

Pedicularis 拉丁语 pediculus，意为“虱子”。

chinensis 中国的。

774. ***Pedicularis lachnoglossa* 玄参科　马先蒿属　绒舌马先蒿**

Pedicularis 同前。

lachnoglossa 毛唇的。

775. ***Peganum harmala* 蒺藜科　骆驼蓬属　骆驼蓬（臭古朵）**

Peganum 古希腊哲学家、自然学家、植物学家泰奥弗拉斯托斯（Theophrastus，约公元前 372—约公元前 287）所用的名字，原指芸香。指该属植物具浓郁的气味。

harmala 有人估计该词源于叙利亚的一个城市 Harmala，而该种也被称作叙利亚芸香。harmala 也是一种植物的阿拉伯语名字。

776. ***Pelargonium graveolens* 牻 [máng] 牛儿苗科　天竺葵属　香叶天竺葵（驱蚊草）**

Pelargonium 希腊语 pelargós，意为“鹳”，因为果实的形状看上去很像鹳的喙。Dillenius 最初建议该属名使用鹳，是因为本科里的另一个属老鹳草属（*Geranium*）使用了“鹤”来命名（希腊语 géranos 或 geranós，意为“鹤”）。由此看来，中文的“老鹳草属”

的“老鹳草”似乎应该叫作“老鹤草属”的“老鹤草”才能与拉丁文原意一致。

graveolens 有强烈味道的。

777. ***Pelargonium hortorum*** **牻牛儿苗科　天竺葵属　天竺葵（洋绣球、入腊红、石腊红、日烂红、洋葵、驱蚊草、洋蝴蝶）**

Pelargonium 同前。

hortorum 庭园的。

778. ***Pennisetum alopecuroides*** **禾本科　狼尾草属　狼尾草（莨[lì]草、狗尾巴草、芮草、老鼠狼、狗仔尾）**

Pennisetum 具硬毛的。拉丁语 penna，意为“羽毛”；seta，意为“刚毛、（猪等的）鬃毛、（动植物的）短硬毛”。

alopecuroides 像看麦娘的。*Alopecurus*，看麦娘属；oides，像……的。指本种直立的圆锥花序像看麦娘的花序。

779. ***Pennisetum glaucum*** **禾本科　狼尾草属　观赏谷子（紫御谷）**

Pennisetum 同前。

glaucum 蓝绿色的、蓝灰色的、闪光的、蓝灰色的叶背。

780. ***Pennisetum purpureum*** **禾本科　狼尾草属　象草（蒕[huáng]竹草）**

P

Pennisetum 同前。

purpureum 紫色的。

781. ***Peperomia tetraphylla*** **胡椒科　草胡椒属　豆瓣绿（豆瓣菜、豆瓣如意）**

Peperomia 像胡椒的。*Piper*，胡椒属。指本属某些种像胡椒。

tetraphylla 具四叶的。tetra-，四；phylla，叶。

782. ***Pericallis hybrida*** **菊科　瓜叶菊属　瓜叶菊**

Pericallis 十全十美的。peri-，多方面的；callis，美丽的。

hybrida 杂种。

783. ***Perilla frutescens*** **唇形科　紫苏属　紫苏**（**苏、桂荏**[rěn]**、荏、白苏、荏子、赤苏、红勾苏、红苏、黑苏、白紫苏、青苏、鸡苏、香苏、臭苏、野苏**（**子**）**、**（**野**）**苏麻、大紫苏、假紫苏、水升麻、野藿麻、聋耳麻、薄荷、香荽、孜珠**）

Perilla 被认为是来自印度的俗名。

frutescens 成灌木状的。

784. ***Periploca sepium*** **萝藦科　杠柳属　杠柳**（**北五加皮、羊奶子、山五加皮、羊角条、羊奶条、羊角叶、臭加皮、香加皮、狭叶萝藦、羊角桃、羊角梢、立柳、阴柳、钻墙柳、狗奶子、桃不桃柳不柳**）

Periploca 希腊语 peri，意为“在周围的”；ploke，意为“缠绕、卷发”。指副花冠中有 5 裂片延长成卷曲的丝状物。

sepium 篱笆的。

785. ***Petunia hybrida*** **茄科　碧冬茄属　碧冬茄**（**矮牵牛**）

Petunia 源于同名的一种常见花卉的名字。来源于法语的 petun，意为“烟草”，源于图皮 - 瓜拉尼语。

hybrida 杂种。

786. ***Peucedanum caespitosum*** **伞形科　前胡属　北京前胡**

Peucedanum 古希腊哲学家、自然学家、植物学家泰奥弗拉斯托斯（Theophrastus，约公元前 372—约公元前 287）使用的名字，原指山芫荽属（Peyrousea 或 Cotula）的猪茴香（hog fennel）。

caespitosum 成簇状的。

787. ***Peucedanum praeruptorum*** **伞形科　前胡属　前胡**（**白花前胡、鸡脚前胡、官前胡、山独活**）

Peucedanum 同前。

praeruptorum 粗糙不平的地方。指该种多生于岩屑堆中。

788. ***Phachystachys lutea*** **爵床科　金苞花属　金苞花**（**黄**

虾花、珊瑚爵床、金包银、金苞虾衣花、金苞虾衣、花黄色皇后、黄金宝塔）

Phachystachys 古希腊语，phachy，意为“厚的、粗的”；*stákhus*，意为“小穗”，指花序 Stachys。是林奈于 1753 年在他的《植物种志》中所定的名字。指本属植物厚壮的头状花序。

lutea 拉丁语，黄（身）体的。

789. ***Phalaenopsis aphrodite* 兰科 蝴蝶兰属 蝴蝶兰（蝶兰、台湾蝴蝶兰）**

Phalaenopsis 像 *Phalaena* 属的。源于希腊语的 Phalaen 和 opsis，opsis 意为“像……的”。很可能指的是像 *Phalaena* 属的。本来是林奈为一组大型蛾子所定的名，可能是该植物的花很像飞行中的这种蛾子。该属植物在英语中有时也被叫作“蛾兰”（moth orchids）。

aphrodite 希腊神话中的爱与美的女神阿佛洛狄忒（Aphrodite 也译作阿芙罗狄蒂）。阿佛洛狄忒是古希腊神话中的爱与美女神，主神宙斯（Zeus）和海洋女神 Dione 之女，是奥林匹斯十二主神之一，在罗马神话中被称为维纳斯。阿芙罗狄蒂不只是爱与美女神，她还是司管人间一切爱情的女神。学者们认为她原本为丰收女神，奥林波斯神系形成之后，才成了爱神、美神。阿佛洛狄忒的圣物有海豚、麻雀、鸽子、芍药、罂粟、苹果，这些圣物都同她作为海神、丰收之神与爱神有关。在罗马神话中，阿佛洛狄忒同当地的丰收和植物女神维纳斯（Venus）合在了一起。另外，她或许也曾被奉为海神，因为在海岛和海港上普遍信奉阿佛洛狄忒。在有些地方还把她作为战神崇拜。

790. ***Pharbitis nil* 旋花科 牵牛属 牵牛（牵牛花、喇叭花、筋角拉子、大牵牛花、勤娘子）**

Pharbitis 希腊语 ips 或 ipos，意为“虫子”或“旋花

类植物”; homoios，意为“像……的”。指本属植物缠绕的特性。

nil 拉丁语，源于古拉丁语的 nihilum，意为“零，什么也没有”。

791. ***Pharbitis purpurea* 旋花科　牵牛属　圆叶牵牛（牵牛花、喇叭花、连簪簪、打碗花、紫花牵牛）**

Pharbitis 同前。

purpurea 紫色的。

792. ***Philadelphus pekinensis* 虎耳草科　山梅花属　太平花（太平瑞圣花、京山梅花、白花结）**

Philadelphus 希腊语 philadelphon，是一种花很香的灌木的名字。

pekinensis 北京的。

793. ***Philodendron gloriosum* 天南星科　喜林芋属　心叶喜林芋（圆叶蔓绿绒、心叶喜树蕉）**

Philodendron 爱之树。希腊语 philo-，意为“爱或喜爱”; dendron，意为“树木”，该属植物的普通名称一般都以其属名称呼。

gloriosum 尊荣的、显著的、华丽的。

794. ***Philodendron sagittifolium* 天南星科　喜林芋属　箭叶喜林芋**

Philodendron 同前。

sagittifolium 箭头状的、箭头的、箭头形的。指该种的叶箭头形。

795. ***Phlomis umbrosa* 唇形科　糙苏属　糙苏（续断、常山、白莶、山芝麻、小兰花烟）**

Phlomis 希腊语，意为“火焰”。也许指本属植物的叶在古时被用作蜡烛芯。

umbrosa 喜阴的、在阴处生长的。

796. ***Phlomis younghusbandii* 唇形科　糙苏属　螃蟹甲**

P

Phlomis 同前。

younghusbandii 英国军官和探险家弗朗西斯·荣赫鹏（Lieutenant Colonel Sir Francis Edward Younghusband，KCSI KCIE, 1863—1942）。荣赫鹏曾到过远东、中亚。荣赫鹏1863年出生于英属印度（今巴基斯坦）穆里（Murree）的一个英国军人家庭，是大不列颠帝国的一位军官、作家、探险家、战略家和外交家。他最为人所熟知的是他在远东和中亚的经历——尤其是他领导的1904年英国入侵西藏的经历，以及他关于亚洲和外交政策方面的著作。荣赫鹏曾任英国驻新疆、西藏特派员，英国皇家地理学会主席。

797. ***Phlox paniculata* 花荵[rěn]科　天蓝绣球属　天蓝绣球（锥花福禄考、草夹竹桃、宿根福禄考、福禄考）**

Phlox 火焰。古希腊哲学家、自然科学家泰奥弗拉斯托斯（Theophrastus，约公元前372—约公元前287）对一种具有火焰色花的植物的称谓。

paniculata 圆锥花序的、下垂的。

798. ***Phoebe zhennan* 樟科　楠属　楠木（桢楠、雅楠）**

Phoebe 希腊女神菲碧（Phoebe），指希腊神话中的一位月神，也指天文中的一颗卫星。意为“聪慧的、闪耀光芒的、明亮的”。

P

zhennan 中国名字“桢楠”的音译。

799. ***Phoenix sylvestris* 棕榈科　刺葵属　林刺葵（银海枣、中东海枣）**

Phoenix 希腊语 phoenix，意为“枣椰”。拉丁语意为紫红色。而荷马所用的 phoinix 这个词指的则是一种来自腓尼基（Phoenicia）的树。

sylvestris 属于森林的、野生的。

800. ***Photinia glabra* 蔷薇科　石楠属　光叶石楠（扇骨木、光凿树、红檬子、石斑木、山官木）**

Photinia 希腊语 photeinos，意为“闪亮的、光的”。指该属植物常常具有光泽的或光滑的叶。

glabra 光滑的、无毛的。

801. ***Photinia serrulata*** **蔷薇科　石楠属　石楠（凿木、千年红、扇骨木、笔树、石眼树、将军梨、石楠柴、石纲、凿角、山官木）**

Photinia 同前。

serrulata 具细锯齿的、细锯齿状的、细锯齿边的。指叶缘具刺芒状锯齿。

802. ***Phragmites australis*** **禾本科　芦苇属　芦苇（芦、苇、葭、兼）**

Phragmites 源于希腊语的 phragma，意为“篱笆”。指该属植物往往长成篱笆的样子。

australis 南方的。

803. ***Phyllanthus emblica*** **大戟科　叶下珠属　余甘子（牛甘果、余甘果、庵摩勒、米含、望果、油甘子）**

Phyllanthus 叶花的。指本属一些种的花开在叶状柄的边缘。

emblica 孟加拉国的古名 amlaki，指本种可做医用的果实。

804. ***Phyllostachys heterocycla*** **cv. Pubescens 禾本科　刚竹属　毛竹（龟甲竹）**

Phyllostachys 穗叶的。希腊语 phyllon-，叶；stachys，穗。指本属假小穗基部的佛焰苞片顶端具退化的叶片。

heterocycla 希腊语 hetero-，意为“异质的、其他的、不同的”。拉丁语 cyclus，圆圈（circle），源于希腊语的 kykios。指茎上倾斜的结呈多样化、多变。

Pubescens 具绒毛的、成熟的、到成熟期的。

805. ***Phyllostachys nigra*** **禾本科　刚竹属　紫竹（灰金竹）**

Phyllostachys 同前。

P

nigra 黑色的。

806. ***Phyllostachys propinqua* 禾本科　刚竹属　早园竹**

Phyllostachys 同前。

propinqua 意为亲近的、邻近的。

807. ***Physalis peruviana* 茄科　酸浆属　灯笼果（小果酸浆）**

Physalis 囊状的。physo- 或 physalis，意为"囊状的、膀胱、囊状物、水疱"。指本属植物的果实像个囊状物。

peruviana 产于秘鲁的。

808. ***Physocarpus amurensis* 蔷薇科　风箱果属　风箱果（阿穆尔风箱果、托盘幌）**

Physocarpus 具囊状果实的。希腊语 physa，意为"泡囊、风箱"；karpos，意为"果实"，指本属某些种的果实膨大成囊状。

amurensis 阿穆尔的（即黑龙江流域）。

809. ***Physostegia virginiana* 唇形科　随意草属　随意草（假龙头）**

Physostegia 源于两个希腊语词，physo- 或 physa-，意为"囊、囊状的"；stege，意为"掩蔽物、遮盖物"。指其花萼在果实成熟时完全融于果实。

virginiana 处女的、原始的、弗吉尼亚的。

P

810. ***Phytolacca acinosa* 商陆科　商陆属　商陆（章柳、山萝卜、见肿消、王母牛、倒水莲、金七娘、猪母耳、白母鸡）**

Phytolacca 希腊语 phyton，意为"植物"。拉丁语 lacca，一种红色染料。指该植物的茎和种子可用来做染料。

acinosa 像葡萄（串）的、藤本的、像浆果的。

811. ***Phytolacca polyandra* 商陆科　商陆属　多雄蕊商陆（多蕊商陆、多药商陆）**

Phytolacca 同前。

polyandra 多雄蕊的、多花的。poly-，多的；andra，花、

雄蕊。

812. ***Picea asperata* 松科　云杉属　云杉**

Picea 拉丁语 picea，意为“松脂”。另一说：来自 pix 所有格 picis，沥青之意。

asperata 具粗糙质地（结构）的。

813. ***Picea brachytyla* var. *complanata* 松科　云杉属　油麦吊云杉（麦吊云杉、麦吊杉、川云杉、垂枝云杉、垂枝杉、密苍杉、菱鳞云杉）**

Picea 同前。

brachytyla 短结节的。

complanata 平坦的、水平的。

814. ***Picea crassifolia* 松科　云杉属　青海云杉（粗枝云杉、大果云杉、粗皮云杉、异鳞云杉、大云杉、白松）**

Picea 同前。

crassifolia 厚粗叶的。crassi-，厚的；folia，叶。

815. ***Picea meyeri* 松科　云杉属　白扦（红扦、白儿松、罗汉松、钝叶杉、红扦云杉、刺儿松、毛枝云杉）**

Picea 同前。

meyeri 使用拉丁学名“*meyeri*”的物种有很多，meyeri 的来源也不同，常见的 Meyeri 来源包括如下一些：牧师 Gottlieb Meyer；德国化学家、药剂师和植物学家 Johann Carl Friedrich Meyer（1739—1811）；德国医生、昆虫学家、哥廷根的教授 Friedrich Albrecht Anton Meyer（1768—1795）；德国医生、哥廷根的教授 Georg Friedrich Wilhelm Meyer（1782—1856）；德国籍俄罗斯植物学家、教授和圣彼得堡植物园主任 Carl Anton von Meyer（1795—1855）；德国植物学家加里宁格勒（德国时期旧称“哥尼斯堡 / 柯尼斯堡 Koenigsberg）植物园主任 Ernst Heinrich Friedrich；波兰斯德丁的药剂师 Johann Karl Friedrich Meyer

P

（1765—1805）或者印度尼西亚巴达维亚的探险家 Adolph Bernard Meyer (1840—1911) 或者植物学作者 E. H. F. Meyer（1791—1858）或者曾在南非采集肉质植物的 Reverend G. Meyer（fl. 1929）。

816. ***Picea mongolica* 松科　云杉属　沙地云杉（蒙古云杉）**

Picea 同前。

mongolica 蒙古的。

817. ***Picea wilsonii* 松科　云杉属　青扦（刺儿松、黑扦松、白扦松、细叶松、方叶杉、白扦云杉、细叶云杉、华北云杉、紫木树、红毛杉）**

Picea 同前。

wilsonii 本种的定名人 Mueller 的一个朋友 Charles Wilson。估计在发现该种的过程中，Charles Wilson 起过某些作用。

818. ***Pilea cadierei* 荨麻科　冷水花属　花叶冷水花（金边山羊血、西瓜皮）**

Pilea 拉丁语 pileus，意为“毡帽”。指本属植物花萼包盖着瘦果，看上去像个毡帽。

cadierei 20 世纪植物学家 R. P. Cadière。

819. ***Pilea martinii* 荨麻科　冷水花属　大叶冷水花（异被冷水花）**

P

Pilea 同前。

martinii 出生于法国的英国士兵 Claude Martin（1731—1800），曾在印度采集过标本。也可能是指其他人：Martin 博士，曾在福克兰群岛采集过标本；或意大利政治家 Ferdinando Martini（1841—?）。

820. ***Pilea peperomioides* 荨麻科　冷水花属　镜面草（翠屏草）**

Pilea 同前。

peperomioides 像草胡椒的。*Peperomia*，草胡椒属；

-oides，像……的。

821. ***Pinellia pedatisecta*** **天南星科 半夏属 虎掌（掌叶半夏、麻芋果、半夏、绿芋子、天南星、狗爪半夏、麻芋子、半夏子、独败家子、南星、真半夏、大三步跳）**

Pinellia 意大利那不勒斯植物园的 Giovanni Vincenzo Pinelli（1535—1601）。

pedatisecta 鸟足状深裂的。

822. ***Pinellia ternata*** **天南星科 半夏属 半夏（三叶半夏、三步跳、麻芋果、田里心、无心菜、老鸦眼、老鸦芋头、燕子尾、地慈姑、球半夏、尖叶半夏、老黄咀、老和尚扣、野芋头、老鸦头、地星、三步魂、麻芋子、小天老星、药狗丹、三叶头草、三棱草、洋犁头、小天南星、扣子莲、生半夏、土半夏、野半夏、半子、三片叶、三开花、三角草、三兴草、地文、和姑、守田、地珠半夏）**

Pinellia 同前。

ternata 三出的、三数的。

823. ***Pinus armandii*** **松科 松属 华山松（白松、五须松、果松、青松、五叶松）**

Pinus 拉丁语，意为“松”。原意为山，源自凯尔特语。指该属植物常见于山地。

armandii 耶稣会传教士和中国植物采集者 Père Armand David（1826—1900）。

824. ***Pinus bungeana*** **松科 松属 白皮松（白骨松、三针松、白果松、虎皮松、蟠龙松）**

Pinus 同前。

bungeana 俄国草本学家、医生 A. von Bunge（1813—1866）。

825. ***Pinus dabeshanensis*** **松科 松属 大别山五针松（安徽五钎松）**

P

Pinus 同前。

dabeshanensis 大别山的。

826. ***Pinus griffithii* 松科　松属　乔松**

Pinus 同前。

griffithii 英国植物学家、加尔各答植物园主任 William Griffith（1810—1845）。他曾从阿富汗采集过鸢尾属的植物。

827. ***Pinus kesiya* var. *langbianensis* 松科　松属　思茅松**

Pinus 同前。

kesiya 卡西山（Khasi Hills）。卡西山位于印度的 Garo-Khasi 山脉。

langbianensis 越南的 Lang Biang 山脉或 Lang Biang 高原，距越南林同省省会大叻 [lè] 市 12 千米。

828. ***Pinus koraiensis* 松科　松属　红松（海松、果松、韩松、红果松、朝鲜松）**

Pinus 同前。

koraiensis 朝鲜的、高丽的。

829. ***Pinus massoniana* 松科　松属　马尾松（青松、山松、枞松）**

Pinus 同前。

massoniana 苏格兰植物学家和园艺学家 Francis Masson（1741—1805），是邱园的第一个“植物猎人”，曾在非洲和美洲采集植物标本。

830. ***Pinus parviflora* 松科　松属　日本五针松（日本五须松、五钗松）**

Pinus 同前。

parviflora 小花的。parve-，小的；flora，花。

831. ***Pinus sylvestris* var. *mongolica* 松科　松属　樟子松（欧洲赤松、海拉尔松）**

Pinus 同前。

sylvestris 属于森林的、野生的。

mongolica 蒙古的。

832. ***Pinus tabuliformis*** **松科　松属　油松（短叶松、红皮松、短叶马尾松、东北黑松、紫翅油松、巨果油松）**

Pinus 同前。

tabuliformis 扁平形的、平板形的、平台状的。tabuli-或 tabulae-，台、桌子；formis，形状。指该种的树冠形状呈平台状。

833. ***Pinus taiwanensis*** **松科　松属黄山松（迎客松、台湾松、长穗松、台湾二针松）**

Pinus 同前。

taiwanensis 台湾的。

834. ***Piper nigrum*** **胡椒科　胡椒属　胡椒（白胡椒、黑胡椒、味履支、披垒、味履支、坡洼热）**

Piper 学名 *Piper* 和通用名字 pepper 都来自梵语的 pippali，本指的是胡椒科胡椒属的荜 [bì] 拔（*P. longum*）。

nigrum 黑色的。

835. ***Piper sarmentosum*** **胡椒科　胡椒属　假蒟 [jǔ]（蛤蒟、假蒌、山蒌）**

Piper 同前。

sarmentosum 具长匍匐茎的。

836. ***Pistacia chinensis*** **漆树科　黄连木属　黄连木（木黄连、黄连芽、木萝树、田苗树、黄儿茶、鸡冠木、烂心木、鸡冠果、黄连树、药术、药树、茶树、凉茶树、岩拐角、黄连茶、楷木）**

Pistacia 希腊语 pistake，源自古波斯语的 pistac，意为"阿月浑子"（*Pistacia vera*）。省沽油科的银雀树属的 *Tapiscia* 就是与 *Pistacia* 颠倒字母而成的属名。

chinensis 中国的。

P

837. ***Pistacia weinmannifolia*** **漆树科 黄连木属 清香木（对节皮、昆明乌木、细叶楷木、香叶树、紫叶、清香树、紫油木）**

Pistacia 同前。

weinmannifolia 像万灵木属叶的。*Weinmannia*，轻木科万灵木属。

838. ***Pistia stratiotes*** **天南星科 大薸 [piáo] 属 大薸（猪乸 [nǎ] 莲、天浮萍、水浮萍、大萍叶、水荷莲、肥猪草）**

Pistia 希腊语 pistos，意为“水”。指该属植物生于水中。

stratiotes 战士、勇士。公元 1 世纪希腊的医生和植物学家佩达纽斯 · 迪奥斯科里季斯（Dioscorides）原指一种埃及的剑叶水生植物。指该植物具有像剑一样的叶。

839. ***Pisum sativum*** **豆科 豌豆属 豌豆（回鹘 [hú] 豆、毕豆、麦豆、雪豆、荷兰豆）**

Pisum 是豌豆古拉语的名字。

sativum 栽培的。

840. ***Pittosporum tobira*** **海桐花科 海桐花属 海桐（海桐花、山矾、七里香、宝珠香、山瑞香）**

Pittosporum 希腊语 pitta，意为“树脂”；spora，意为“种子”。指该属植物的种子藏于油质肉瓤内。

tobira 海桐的日语名字。

841. ***Plantago depressa*** **车前科 车前属 平车前（车前草、车串串、小车前）**

Plantago 来自古典拉丁语 plantago，在古典拉丁语中指车前属中的一些种，包括大车前（*P. major*）和北车前（*P. media*）。在拉丁语中，这个名称源自古典拉丁语的 planta，意为“脚底板”，指该属植物的叶宽平而且贴地平展生长；后缀 -ago，在拉丁语中意为“一种”。

depressa 顶部扁的、凹陷的。

842. ***Plantago major*** **车前科　车前属　大车前（钱贯草、大猪耳朵草）**

Plantago 同前。

major 大的、更大的。

843. ***Platanus×acerifolia*** **悬铃木科　悬铃木属　二球悬铃木（英国梧桐）**

Platanus 希腊语 platanos，意为“悬铃木”。

acerifolia 槭树叶的。*Acer*，槭树属；folia，叶。

844. ***Platanus orientalis*** **悬铃木科　悬铃木属　三球悬铃木（法桐、祛 [qū] 汗树、净土树、法国梧桐、悬铃木）**

Platanus 同前。

orientalis 东方的。

845. ***Platycladus orientalis*** **柏科　侧柏属　侧柏（黄柏、香柏、扁柏、扁桧、香树、香柯树）**

Platycladus 希腊语 platys，意为“阔的、宽的”；klados，意为“枝”。指本属植物小枝扁平。

orientalis 东方的。

846. ***Platycodon grandiflorus*** **桔梗科　桔梗属　桔梗(铃铛花）**

Platycodon 宽大的钟的。源于古希腊语 platy，意为“宽”；codon，意为“钟”。

grandiflorus 大花的。grandi-，大的；florus，花。

P

847. ***Plerandra elegantissima*** **五加科　孔雀木属　孔雀木（手树）**

Plerandra 希腊语 pléres，意为“满的、丰富的”；anér 或 andrós，意为“雄性的”。指该属植物的花具有大量的雄蕊。

elegantissima 极美丽的。elegans，美丽的；-tissima，极、最。

848. ***Plinia cauliflora*** **桃金娘科　拟爱神木属　嘉宝果（珍宝果）**

Plinia 古罗马作家、哲学家老普林尼 Pliny the Elder

（23—79）。

cauliflora 茎上开花的。cauli-，茎；flora，花。

849. ***Plumeria rubra* cv. *acutifolia* 夹竹桃科　鸡蛋花属　鸡蛋花（缅栀子、大季花、鸭脚木）**

Plumeria 法国旅行家和植物学家 Charles Plumier（1646—1704）。

rubra 红色的。

acutifolia 盾形叶的。acuti-，尖的；folia，叶。

850. ***Plumeria rubra* 夹竹桃科　鸡蛋花属　红鸡蛋花**

Plumeria 同前。

rubra 红色的。

851. ***Poa annua* 禾本科　早熟禾属　早熟禾（稍草、小青草、小鸡草、冷草、绒球草）**

Poa 古希腊语 *póa*，意为"饲草、草料"。指该属植物多可作为牧草。

annua 一年生的。

852. ***Podocarpus macrophyllus* 罗汉松科　罗汉松属　罗汉松（罗汉杉、土杉）**

Podocarpus 果具柄的。希腊语 pous 或 podos，意为"足"；karpos，意为"果"。指果实具柄。

macrophyllus 大叶的。macro-，大的；phyllus，叶。

P

853. ***Podranea ricasoliana* 紫葳科　凌霄属　非洲凌霄（紫云藤）**

Podranea 是与 *Pandorea*（紫葳科粉花凌霄属）颠倒字母顺序而成的属名。

ricasoliana 意大利总理 Baron Bettino Ricasoli（1809—1880）。Ricasoli 曾两度出任总理，也是名酒基昂蒂（Chianti wine）配方的创作者。

854. ***Polyalthia longifolia* 番荔枝科　暗罗属　长叶暗罗**

Polyalthia 希腊语 poly，意为"多的、很多"。althia

源于 àltheo，意为“治疗、治愈”。

longifolia 长叶的。longi-，长的；folia，叶。

855. ***Polygala tenuifolia*** **远志科　远志属　远志（葽 [yāo] 绕、蕀莞 [jíguān]、小草、细草、线儿茶、小草根、神砂草、红籽细草）**

Polygala 很多奶汁的。poly-，多的；gala，奶汁的。公元 1 世纪希腊的医生和植物学家佩达纽斯 · 迪奥斯科里季斯（Dioscorides）所用的名字为 polugalon，指用远志属植物喂养牛有益于牛的哺乳。

tenuifolia 具柔弱叶的、具窄叶的。

856. ***Polygonatum odoratum*** **百合科　黄精属　玉竹（萎、地管子、尾参、铃铛菜）**

Polygonatum 多角的、多节的。

odoratum 具气味的、具香甜气味的。指本种花具芳香味。

857. ***Polygonatum sibiricum*** **百合科　黄精属　黄精（鸡头黄精、黄鸡菜、笔管菜、爪子参、老虎姜、鸡爪参）**

Polygonatum 同前。

sibiricum 西伯利亚的。

858. ***Polygonum aviculare*** **蓼科　蓼属　萹蓄（扁竹、竹叶草、扁担芽）**

Polygonum 多膝关节的。希腊语 polys，意为“多的”；gonu，“膝”。指本属植物的茎具很多膨大的节。

aviculare 属于鸟的。

859. ***Polygonum capitatum*** **蓼科　蓼属　头花蓼（草石椒）**

Polygonum 同前。

capitatum 有头的、形成头的。指本种的花聚集成头状。

860. ***Polygonum chinense*** **蓼科　蓼属　火炭母（赤地利、为炭星、白饭草）**

Polygonum 同前。

chinense 中国的。

861. ***Polygonum divaricatum*** **蓼科　蓼属　叉分蓼（酸不溜）**

Polygonum 同前。

divaricatum 极叉开的。

862. ***Polygonum lapathifolium*** **蓼科　蓼属　酸模叶蓼（大马蓼）**

Polygonum 同前。

lapathifolium 像酸模叶的。

863. ***Polygonum orientale*** **蓼科　蓼属　红蓼（荭 [hóng] 草、东方蓼、狗尾巴花）**

Polygonum 同前。

orientale 东方的。

864. ***Polygonum perfoliatum*** **蓼科　蓼属　杠板归（刺犁头、贯叶蓼）**

Polygonum 同前。

perfoliatum 穿叶的。指本种的茎从叶中穿过。

865. ***Polygonum senticosum*** **蓼科　蓼属　刺蓼（廊茵）**

Polygonum 同前。

senticosum 多刺的。

866. ***Polygonum sibiricum*** **蓼科　蓼属　西伯利亚蓼（剪刀股、野茶、驴耳朵、牛鼻子、鸭子嘴）**

P

Polygonum 同前。

sibiricum 西伯利亚的。

867. ***Polygonum thunbergii*** **蓼科　蓼属　戟叶蓼（水麻）**

Polygonum 同前。

thunbergii 瑞典植物学家 Kar Pehr Thunberg（1743—1822）。

868. ***Polygonum tortuosum*** **蓼科　蓼属　叉枝蓼**

Polygonum 同前。

tortuosum 很缠绕的、很扭曲的、扭曲的。

869. ***Polypogon fugax*** **禾本科　棒头草属　棒头草**

Polypogon 具很多芒刺的。

fugax 易变的、暂时的。

870. **Polyscias balfouriana 五加科　南洋参属　圆叶南洋参（圆叶福绿桐）**

Polyscias 很多遮蔽的。指该属植物通常具有繁茂的叶，给人以遮天蔽日的感觉

balfouriana 苏格兰植物学家 Isaac Bayley Balfour（1853—1922），《索科特拉岛植物学》的作者，是爱丁堡大学的植物学教授 John Hutton Balfour（1808—1884）之子。他是第一位到达索科特拉岛（印度洋西部一群岛，属也门索科特拉省）的科学家之一，并在那里采集了大约 500 份植物标本。

871. **Polyscias fruticosa 五加科　南洋参属　南洋参（福禄桐）**

Polyscias 同前。

fruticosa 成灌木的。

872. **Poncirus trifoliata 芸香科　枳 [zhǐ] 属　枳（枸橘 [gōujú]、臭橘、臭杞、雀不站、铁篱寨）**

Poncirus 一种橘的法语名字（poncire）。

trifoliata 具三叶的。tri-，三的；foliata，叶。指本种为三出羽状复叶。

873. **Populus alba var. pyramidalis 杨柳科　杨属　新疆杨（白杨、帚形银白杨、新疆银白杨）**

Populus 人民之树。拉丁语 populus，意为“人民、大众的、多数、白杨树”。指本属植物分布广泛、常见并为人类广为栽培应用。

alba 白色的。

pyramidalis 像金字塔的。

874. **Populus alba 杨柳科　杨属　银白杨**

Populus 同前。

alba 白色的。

875. ***Populus cathayana*** **杨柳科　杨属　青杨**

Populus 同前。

cathayana 中国的。Cathay 是契丹（中国北部一个古民族名）的。契丹族曾在中国北方建立了辽朝（916—1125）。辽是中国历史上由契丹族建立的封建王朝，共传九帝，享国 210 年。因此外国人早期也用契丹代表中国。

876. ***Populus davidiana*** **杨柳科　杨属　山杨**

Populus 同前。

davidiana 法国传教士 J. P. A. David（1828—1900）。David 中文名叫作谭卫道，生于法国南部。

877. ***Populus euphratica*** **杨柳科　杨属　胡杨（异叶杨、胡桐、英雄树、异叶胡杨、水桐、三叶树）**

Populus 同前。

euphratica 中亚河流幼发拉底河（发源于土耳其安纳托利亚高原和亚美尼亚高原山区，流经叙利亚和伊拉克，大体上流向东南，最后与位于其东面的底格里斯河合流成为阿拉伯河，注入波斯湾，为西南亚最大河流）的。

878. ***Populus gansuensis*** **杨柳科　杨属　二白杨（软白杨、青白杨、二青杨）**

P

Populus 同前。

gansuensis 甘肃的。

879. ***Populus hopeiensis*** **杨柳科　杨属　河北杨（椴杨）**

Populus 同前。

hopeiensis 河北的。

880. ***Populus szechuanica*** **var.** ***tibetica*** **杨柳科　杨属　藏川杨（高山杨）**

Populus 同前。

szechuanica 四川的。

tibetica 西藏的。

881. ***Populus tomentosa*** **杨柳科　杨属　毛白杨（大叶杨、响杨）**

Populus 同前。

tomentosa 具有绒毛的。

882. ***Populus canadensis*** **杨柳科　杨属　加杨（加拿大杨、欧美杨、加拿大白杨、美国大叶白杨）**

Populus 同前。

canadensis 加拿大的。

883. ***Portulaca grandiflora*** **马齿苋科　马齿苋属　大花马齿苋（半支莲、松叶牡丹、龙须牡丹、金丝杜鹃、洋马齿苋、太阳花、午时花）**

Portulaca（携）带奶的，普林尼（Pliny）使用的名字。

grandiflora 大花的。grandi-，大的；flora，花。

884. ***Portulaca oleracea*** **马齿苋科　马齿苋属　马齿苋（马苋、五行草、长命菜、五方草、瓜子菜、麻绳菜、马齿草、马苋菜、蚂蚱菜、马齿菜、瓜米菜、马蛇子菜、蚂蚁菜、猪母菜、瓠 [hù] 子菜、狮岳菜、酸菜、五行菜、猪肥菜）**

Portulaca 同前。

oleracea 蔬食的。

885. ***Potaninia mongolica*** **蔷薇科　绵刺属　绵刺（蒙古包大宁）**

Potaninia 俄国植物学家 P. Grigori N. Potanin（1835—1920）。

mongolica 蒙古的。

886. ***Potentilla anserina*** **蔷薇科　委陵菜属　蕨麻（人参果、延寿草、蕨麻委陵菜、莲花菜、鹅绒委陵菜）**

Potentilla 拉丁语 potentia，意为“力量”。

anserina 鹅的、属于鹅的。

887. ***Potentilla bifurca*** **蔷薇科　委陵菜属　二裂委陵菜（痔**

P

疮草、叉叶委陵菜）

Potentilla 同前。

bifurca 二裂的、二岐的。

888. ***Potentilla discolor*** **蔷薇科　萎陵菜属　翻白草（鸡腿根、天藕、翻白萎陵菜、叶下白、鸡爪参）**

Potentilla 同前。

discolor 异色的、不同色的。dis-，不同的；color，颜色。

889. ***Potentilla fruticosa*** **蔷薇科　委陵菜属　金露梅（金老梅、金蜡梅、药王茶、棍儿茶）**

Potentilla 同前。

fruticosa 灌木的。

890. ***Potentilla glabra*** **蔷薇科　委陵菜属　银露梅(银老梅、白花棍儿茶）**

Potentilla 同前。

glabra 光滑的、无毛的。

891. ***Potentilla sericea*** **蔷薇科　委陵菜属　绢毛委陵菜（白毛小委陵菜、毛叶委陵菜）**

Potentilla 同前。

sericea 具绢毛的。

892. ***Potentilla supina*** **蔷薇科　委陵菜属　朝天委陵菜（伏萎陵菜、仰卧委陵菜、铺地委陵菜、鸡毛菜）**

Potentilla 同前。

supina 匍匐的、朝天的。

893. ***Potentilla tanacetifolia*** **蔷薇科　委陵菜属　菊叶委陵菜（叉菊萎陵菜、蒿叶委陵菜）**

Potentilla 同前。

tanacetifolia 像菊蒿属艾菊叶的。*Tanacetum*，菊蒿属。

894. ***Premna microphylla*** **马鞭草科　豆腐柴属　豆腐柴（臭黄荆、观音柴、土黄芪、豆腐草、观音草、止血草、腐婢）**

Premna 源于希腊语的 Premnon，意为“树桩”。

microphylla 小叶的。micro-，小的；phylla，叶。

895. ***Primula fistulosa* 报春花科 报春花属 箭报春**

Primula 拉丁语 primus，意为“第一”。指本种早春开花。

fistulosa 管状的（如葱等）、筒状的。指本种花葶粗壮，中空，呈管状。

896. ***Primula malacoides* 报春花科 报春花属 报春花（多花报春、西洋报春）**

Primula 同前。

malacoides 软的、黏质的。

897. ***Primula maximowiczii* 报春花科 报春花属 胭脂花（紫茉莉、段报春）**

Primula 同前。

maximowiczii 俄国植物学家 Carl Johann Maximovich（也叫作 Karl Ivanovich Maximovich，1827—1891）。他一生大部分时间都用于研究俄国的植物，曾到过远东并发现了很多新种。他从 1852 年起在圣彼得堡植物园工作，当过草本植物馆的馆长，1869 年成为园主任。

898. ***Prunus cerasifera* f. *atropurpurea* 蔷薇科 李属 紫叶李（樱桃李、樱李）**

Prunus 拉丁语 prunum，意为“梅、李”。另一说：希腊语，意为“李树”。

cerasifera 产樱桃的。cerasi-，樱桃的；fera，产……的。

atropurpurea 深紫色的、暗紫色的。指植物的叶色，该词经常用于品种或变型，如 *Acer palmatum* ‘*Atropurpureum*’、*Berberis thunbergii* f. *atropurpurea*。

899. ***Prunus salicina* 蔷薇科 李属 李（山李子、嘉庆子、嘉应子、玉皇李）**

Prunus 同前。

P

salicina 柳叶状的。

900. ***Pseuderanthemum laxiflorum* 爵床科　山壳骨属　紫云杜鹃（大花钩粉草）**

Pseuderanthemum 假喜花草属的。希腊语 pseudes，意为“假的、伪的”；*Eranthemum*，爵床科喜花草属。

laxiflorum 疏花的。

901. ***Pseudolarix amabilis* 松科　金钱松属　金钱松（金松、水树）**

Pseudolarix 伪（假）落叶松。希腊语 pseudes，意为“假的、伪的”；*Larix*，落叶松属。

amabilis 可爱的。指其果实娇美可爱。

902. ***Psidium guajava* 桃金娘科　番石榴属　番石榴（芭乐）**

Psidium 希腊名字，原指的是石榴。指本属植物的果实像石榴。

guajava 瓜亚基尔（Guayaquil，厄瓜多尔西南部港口城市）。西班牙语 guayaba，瓜亚基尔。

903. ***Psilopeganum sinense* 芸香科　裸芸香属　裸芸香（蛇皮草、臭草、千垂鸟、虱子草）**

Psilopeganum 光裸的芸香。希腊语 psilos，意为“光裸的、裸的”。peganum 是古希腊哲学家、自然学家泰奥弗拉斯托斯（Theophrastus，约公元前 372—约公元前 287）所用的名字，指芸香。

sinense 中国的。

904. ***Pteridium aquilinum* 蕨科　蕨属　欧洲蕨（蕨、陈蕨花、凤凰草、蕨巴、蕨菜、蕨菜苗、蕨儿菜）**

Pteridium 意为“小蕨”。

aquilinum 源于拉丁语，意为“鹰”（aquila），但其到底指的是什么则存在争议。

905. ***Pterocarya stenoptera* 胡桃科　枫杨属　枫杨（麻柳、娱蚣柳）**

Pterocarya 果实具翅的。希腊语 pteron，意为“翼、小翅”；karyon，意为“核、山核桃”。指本属植物坚果具翼。

stenoptera 具狭翅的。steno-，狭的、窄的；ptera，翅。指本种叶轴上有狭翅。

906. ***Pterocypsela laciniata* 菊科　翅果菊属　多裂翅果菊（山莴苣）**

Pterocypsela 希腊语 pterón-，意为“翅、羽毛”；cypsela，假瘦果（尤指菊科植物的果实）。双子房形成仅含一粒种子的干燥果实。

laciniata 条裂的。指本种叶片条状深裂（叶片先端 3～5 裂）

907. ***Pueraria lobata* 豆科　葛属　葛（野葛、葛藤）**

Pueraria 瑞士植物学家 M. N. Puerari（1765—1845）。

lobata 三浅裂的、分裂的。指本种的叶常为三浅裂。

908. ***Pulsatilla chinensis* 毛茛科　白头翁属　白头翁（羊胡子花、老冠花、将军草、大碗花、老公花、老姑子花、毛姑朵花）**

Pulsatilla 德国草药学家 Otto Brunfels（1488—1534）用这个名字指的是花在风中摆动。1832 年 Bge 将该属植物放入银莲花属 *Anemone*，即 *Anemone chinensis* Bge。1861 年 Regel 做了更正，将其放入白头翁属 *Pulsatilla*。按规定，转属时，种加词不动，同时将原定名人放入括号内。

chinensis 中国的。

909. ***Pulsatilla turczaninovii* 毛茛科　白头翁属　细叶白头翁**

Pulsatilla 同前。

turczaninovii 俄国植物学家 Nikolai Stepánovich Turczanínow（1796—1863），曾定名过几个属和很多种。

910. ***Punica granatum* 石榴科　石榴属　石榴（安石榴、**

山力叶、丹若、若榴木）

Punica 拉丁语 punica，意为“石榴、安石榴、紫红色的、石榴红的”，源自北非一种语言的 punicus 一词。

granatum 多籽的、多核的。指本种种子很多。

911. ***Pyracantha angustifolia*** **蔷薇科　火棘属　窄叶火棘**

Pyracantha 枝具刺的。希腊语 pyr，意为“火”；akanthos，意为“刺”。指本属植物的枝具刺、果实火红。

angustifolia 狭叶的。angusti-，狭窄的；folia，叶。

912. ***Pyracantha fortuneana*** **蔷薇科　火棘属　火棘（火把果、救兵粮、救军粮、救命粮、红子）**

Pyracantha 同前。

fortuneana 苏格兰植物学家、植物采集人、旅行家和茶叶间谍 Robert Fortune（1812—1880）。

913. ***Pyrostegia venusta*** **紫葳科　炮仗藤属　炮仗花（黄鳝藤）**

Pyrostegia 具火红盖的。pyro- 或 pyrro- 或 pyrrho-，火；stegano- 或 stego-，完全覆盖的、带盖的。

venusta 美丽的、可爱的。

Q

914. ***Pyrus betulifolia*** **蔷薇科　梨属　杜梨（棠梨、土梨、海棠梨、野梨子、灰梨）**

Pyrus 拉丁语 pyrum，意为“梨”。

betulifolia 像白桦叶的。*Betula*，白桦属；folia，叶。

915. ***Quamoclit pennata*** **旋花科　茑 [niǎo] 萝属　茑萝松（茑萝、锦屏封、金丝线）**

Quamoclit 茑萝（*Ipomaea quamoclit*）的墨西哥土名。

pennata 羽毛、翅、有翅的、有羽毛的、羽状的、翼、鳍 [qí] 之类的。

916. ***Quercus dentata*** **壳斗科　栎属　槲 [hú] 树（柞栎、波罗栎、波罗叶）**

Quercus 优良的树木。拉丁语 quercus，意为“栎树”。

源自凯尔特语的quer，意为“美好的、优良的”；kuoz（cuez），意为“树、树木”。意指本种为优良的树木。

dentata 具牙齿的、具外凸齿的。

917. ***Quercus mongolica* 壳斗科　栎属　蒙古栎（蒙栎、柞栎、柞树）**

Quercus 同前。

mongolica 蒙古的。

918. ***Quercus semicarpifolia* 壳斗科　栎属　高山栎**

Quercus 同前。

semicarpifolia 半像鹅耳枥叶的。carpi-，鹅耳枥属（*Carpinus*）的。指本种的第二个叶呈波浪状或完整的形状。

919. ***Quercus variabilis* 壳斗科　栎属　栓皮栎（软木栎、粗皮青冈）**

Quercus 同前。

variabilis 变化的、多型的、变异的、不定的、形状多变的。

R

920. ***Radermachera sinica* 紫葳科　菜豆树属　菜豆树（山菜豆、苦苓舅、豇豆树、辣椒树、接骨凉伞、森木凉伞、朝阳花、牛尾木、豆角木、牛尾豆、蛇仔豆、鸡豆木、大朝阳、跌死猫树）**

Radermachera 荷兰自然学家、植物学家和作家Jacob Cornelis Matthieu Radermacher（1741—1783）。Radermacher出生于荷兰海牙的一个世家，其祖父为王子的财政主管，叔叔和侄子是荷兰东印度公司的理事会成员，其本人则16岁就赴印度尼西亚经商，曾在巴达维亚（印度尼西亚首都雅加达Jakarta的旧称）做过荷兰东印度公司的官员。Radermacher在其停留印度尼西亚期间，对爪哇和苏门答腊岛的动植物做了大量的研究。

sinica 中国的。

921. ***Ranunculus acris* 毛茛科 毛茛属 草甸毛茛**

Ranunculus 后期拉丁语，意为“小蛙、小林蛙”。可能是指这个属的很多植物像蛙一样，生长在水边或水中。

acris 具猛烈味道的（sharp-tasted）。

922. ***Ranunculus chinensis* 毛茛科 毛茛属 茴茴蒜**

Ranunculus 同前。

chinensis 中国的。

923. ***Ranunculus japonicus* 毛茛科 毛茛属 毛茛**

Ranunculus 同前。

japonicus 日本的。

924. ***Ranunculus sceleratus* 毛茛科 毛茛属 石龙芮（黄花菜、石龙芮毛茛）**

Ranunculus 同前。

sceleratus 辛辣的、有害的，指本种全草含白头翁素，有毒。

R

925. ***Reaumuria songarica* 柽柳科 红砂属 红砂（枇杷柴）**

Reaumuria 法国昆虫学家 René A. Ferchault de Reaumur（1683—1757）

songarica 准噶尔的。

926. ***Ravenala madagascariensis* 芭蕉科 旅人蕉属 旅人蕉（旅人木、扁芭槿、扇芭蕉、水木、孔雀树）**

Ravenala 马达加斯加语（Malagasy）ravinala，意为“森林的叶子”。指本属植物超大的叶形。

madagascariensis 马达加斯加的。

927. ***Rehmannia glutinosa* 玄参科 地黄属 地黄（生地、怀庆地黄）**

Rehmannia 俄国圣彼得堡医生 Joseph Rehmann（1788—1831）。

glutinosa 胶质的、如胶黏性的。

928. **Renanthera coccinea 兰科　火焰兰属　火焰兰**

Renanthera 拉丁语 renes，意为“肾”；anthera，意为“花”。指花药（花粉）的形状似肾。

coccinea 猩红色的、染成红色的。

929. **Reynoutria japonica 蓼科　虎杖属　虎杖（酸筒杆、酸桶芦、大接骨、斑庄根）**

Reynoutria 本指虎杖（*Reynoutria sachalinensis*）乙醇提取物的混合物。Houttyn 于 18 世纪定名，Seibold 于 19 世纪曾将其放在蓼属（*Polygonum*）中，但不久后即合二为一。

japonica 日本的。

930. **Rhamnus davurica 鼠李科　鼠李属　鼠李（臭李子、大绿、老鹳眼、女儿茶、牛李子）**

Rhamnus 希腊语 rhamnos，意为“鼠李”。

davurica 达呼里的（西伯利亚地方）。

931. **Rhapis excelsa 棕榈科　棕竹属　棕竹（椶 [zōng] 竹、筋头竹、观音竹、虎散竹）**

Rhapis 希腊语 rhaphis，意为“针”。

excelsa 高的。

932. **Rheum alexandrae 蓼科　大黄属　苞叶大黄（水黄、大苞大黄）**

Rheum 源于古希腊语的 rheon。rheon 是公元 1 世纪希腊的医生和植物学家佩达纽斯·迪奥斯科里季斯（Dioscorides）用过的一种植物的名字，很可能就是这个属的。迪奥斯科里季斯搜集了当时的各种药用草本植物以及治疗时的使用方法，写出了一本名为《希腊药典》的书（共 5 卷）。书中记载了 600 种草药，其中大约五分之一在今天仍然被认为有治疗作用。迪奥斯科里季斯在草药研究方面的绝对权威地位保持了长达 1500 年之久。他的《希腊药典》一书在 1665 年被

译成英文等多种文字，今天仍然在印刷出版。

alexandrae 苏格兰士兵、探险家、自然学家和旅行家 James Edward Alexander 爵士（1803—1885），曾做过开普敦的测绘局长（Surveyor-General）。另一说：英国医生和业余植物学家 Richard Chandler Prior（Alexander）（1809—1902），也是《英国植物俗名》一书的作者，他曾在南非旅行、采集植物标本一年多。

933. ***Rheum australe*** **蓼科　大黄属　藏边大黄**

Rheum 同前。

australe 拉丁语，意为“南方的、在南方的”。

934. ***Rheum nobile*** **蓼科　大黄属　塔黄（高山大黄）**

Rheum 同前。

nobile 高尚的、尊贵的。

935. ***Rhodiola dumulosa*** **景天科　红景天属　小丛红景天（凤尾七、凤尾草、凤凰草、香景天、雾灵景天）**

Rhodiola 微型玫瑰。指本属植物的根具玫瑰香味。

dumulosa 非常茂密的、非常浓密的。

R

936. ***Rhodiola rosea*** **景天科　红景天属　红景天**

Rhodiola 同前。

rosea 玫瑰色的、玫瑰红色的。指植物的花色。

937. ***Rhododendron hippophaeoides*** **杜鹃花科　杜鹃属　灰背杜鹃**

Rhododendron 玫瑰花树。希腊语 rhodon，意为“玫瑰花”，dendron，意为“树木”。指本属某些种的花为红色似玫瑰花。

hippophaeoides 像沙棘的。*Hippophae*，沙棘属；oides，像……的。指本种叶的形状和颜色像沙棘的叶。

938. ***Rhododendron micranthum*** **杜鹃花科　杜鹃属　照山白**

Rhododendron 同前。

micranthum 小花的、具小花的。

939. ***Rhododendron* simsii 杜鹃花科　杜鹃属　杜鹃（杜鹃花、山踯躅 [zhízhú]、山石榴、映山红、照山红、唐杜鹃）**

Rhododendron 同前。

simsii 植物学杂志 *Magazine Botanique* 的首任主编 John Sims（1749—1831）。

940. ***Rhodotypos scandens* 蔷薇科　鸡麻属　鸡麻（白棣棠、三角草、山子、双珠母、水葫芦杆）**

Rhodotypos 希腊语 rhodon，意为“玫瑰花”；typos，意为“肖像、形状”。指本属植物的花似玫瑰花。

scandens 攀援的。

941. ***Rhus chinensis* 漆树科　盐肤木属　盐肤木（五倍子树、五倍柴、五倍子、山梧桐、木五倍子、乌桃叶、乌盐泡、乌烟桃、乌酸桃、红叶桃、盐树根、土椿树、酸酱头、红盐果、倍子柴、角倍、肤杨树、盐肤子、盐酸白）**

Rhus 希腊语 rhous，意为“盐肤木、漆树”。

chinensis 中国的。

R

942. ***Rhus typhina* 漆树科　盐肤木属　火炬树（鹿角漆、火炬漆、加拿大盐肤木）**

Rhus 同前。

typhina 像香蒲的、烟色的。*Typha*，香蒲属。

943. ***Ribes mandshuricum* 虎耳草科　茶藨 [pāo] 子属　东北茶藨子（满洲茶藨子、山麻子、东北醋李、狗葡萄、山樱桃、灯笼果）**

Ribes 阿拉伯语 ribes（ribas），意为“茶藨子”。

mandshuricum 产于中国东北的、满洲的。

944. ***Ribes nigrum* 虎耳草科　茶藨子属　黑茶藨子（黑加仑、茶藨子、旱葡萄、黑豆、黑果茶藨）**

Ribes 同前。

nigrum 黑色的。指本种果实熟时黑色。

945. ***Ricinus communis*** **大戟科　蓖 [bì] 麻属　蓖麻（大麻子、老麻了、草麻）**

Ricinus 拉丁语，意为“壁虱”。该属植物种皮上的花纹和头上的隆起物非常像某些壁虱。

communis 生成群落的、普通的。

946. ***Robinia pseudoacacia*** **豆科　刺槐属　刺槐（洋槐）**

Robinia 法国药草商人 Jean Robin（1550—1629）。

pseudoacacia 假金合欢。希腊语 pseudo-，假的；*Acacia*，金合欢属。

947. ***Rorippa cantoniensis*** **十字花科　蔊 [hàn] 菜属　广州蔊菜（微子蔊菜、细子蔊菜、包蔊菜、广东葶苈、沙地菜）**

Rorippa 本属植物的撒克逊古名。

cantoniensis 广东的。

948. ***Rorippa globosa*** **十字花科　蔊 [hàn] 菜属　风花菜（球果蔊菜、圆果蔊菜、银条菜）**

R

Rorippa 同前。

globosa 球状的、球形的。指该种植物的果实球形。

949. ***Rorippa islandica*** **十字花科　蔊菜属　沼生蔊菜（风花菜）**

Rorippa 本属植物的撒克逊古名。

islandica 源自冰岛的。

950. ***Rosa banksiae*** **蔷薇科　蔷薇属　木香花（木香、七里香）**

Rosa 拉丁语 rosa，意为“玫瑰花”。罗马神话中，爱神丘比特为了掩饰母亲的恋情，拿玫瑰花贿赂缄默之神，与他约定，请他守住秘密。因而，玫瑰在罗马象征“约定”。

banksiae 平滑的、光滑的。

951. ***Rosa laevigata*** **蔷薇科　蔷薇属　金樱子（刺梨子、山石榴、山鸡头子、和尚头、唐樱竻 [lè]、油饼果子）**

Rosa 同前。

laevigata 拉丁语，平滑的、光滑的。指本种的叶上面亮绿色，无毛。

952. ***Rosa omeiensis*** **蔷薇科　蔷薇属　峨眉蔷薇（刺石榴、山石榴）**

Rosa 同前。

omeiensis 峨眉山的。

953. ***Rosa rugosa*** **蔷薇科　蔷薇属　玫瑰**

Rosa 同前。

rugosa 具皱纹的。指叶面网脉凹下、叶面皱、有刺。

954. ***Rosa xanthina*** **f.** ***normalis*** **蔷薇科　蔷薇属　单瓣黄刺玫（黄刺莓）**

Rosa 同前。

xanthina 黄色的、花黄素的。指本种的花为黄色。

normalis 常态的、正常的。

955. ***Rosa xanthina*** **蔷薇科　蔷薇属　黄刺玫（黄刺莓）**

Rosa 同前。

xanthina 黄色的、花黄素的。指本种的花为黄色。

956. ***Rosmarinus officinalis*** **唇形科　迷迭香属　迷迭香（海洋之露、艾菊）**

Rosmarinus 海露。是一个古拉丁名字。

officinalis 药用的。

957. ***Roystonea regia*** **棕榈科　王棕属　王棕（大王椰子）**

Roystonea 美国内战时联军的一个将军 Roy Stone（1836—1905）。他最著名的事迹是盖茨堡之役中在麦克弗森农场的顽强防御战。现在盖茨堡国家军事公园中的 Stone 大街就是为了纪念他参与的这次战役和表彰他在战役中的表现。王棕属（*Roystonea*）则是为了纪念他在占领波多黎各岛期间在修筑道路中所做的贡献。

regia 古代帝王的、属于帝王的、高贵的。

958. ***Rubia cordifolia*** **茜草科　茜草属　茜草（血茜草、血见愁、蒨 [qiàn] 草、地苏木、活血丹、土丹参、红内消）**

Rubia 拉丁语 ruber，意为“红色的”。

cordifolia 心形叶的。cordi-，心形的，folia，叶。

959. ***Rubus alceaefolius*** **蔷薇科　悬钩子属　粗叶悬钩子（大叶蛇泡簕）**

Rubus 拉丁语 rubeo 或 ruboo，意为“变红色的”。另一说：拉丁语，意为“悬钩子”。指该属植物的果实成熟后为红色。

alceaefolius 叶像蜀葵叶的。alcea 或 alceae 为蜀葵（能分泌黏液、茎和叶上都有毛），*Althaea*，蜀葵属。指粗叶悬钩子的叶像蜀葵叶。

960. ***Rubus chingii*** **蔷薇科　悬钩子属　掌叶覆盆子（大号角公、牛奶母）**

Rubus 同前。

chingii 秦仁昌。胡先骕为纪念我国著名植物学家秦仁昌（1898—1986）而定名。

R

961. ***Rubus crataegifolius*** **蔷薇科　悬钩子属　牛叠肚（山楂叶悬钩子、蓬虆 [lěi]、托盘、马林果）**

Rubus 同前。

crataegifolius 像山楂叶的。*Crataegus*，山楂属。

962. ***Rubus hirsutus*** **蔷薇科　悬钩子属　蓬虆（泼盘、三月泡、割田藨、野杜利）**

Rubus 同前。

hirsutus 有毛的、毛的。指本种叶及托叶具柔毛或腺毛。

963. ***Rubus pectinellus*** **蔷薇科　悬钩子属　黄泡（黄袍）**

Rubus 同前。

pectinellus 小篦 [bì] 齿状的。指本种外萼片梳齿状深裂或缺刻状。

964. ***Rubus stans*** **蔷薇科　悬钩子属　直立悬钩子（直茎莓）**

Rubus 同前。

stans 直立的、坚立、静立。

965. ***Rudbeckia hirta* 菊科 金光菊属 黑心金光菊（黑眼菊）**

Rudbeckia 瑞典植物学家 Olof Rudbeck。林奈于 1728 年进入乌普萨拉大学学习，遇到一位良师小 Rudbeck 教授（Olof Rudbeck，1660—1740）。后来，林奈将北美的一种菊科植物命名为 Rudbeckia，纪念他的这位老师。小 Olof Rudbeck 教授和他的父亲老 Olof Rudbeck 教授（1630—1702）都是乌普萨拉大学的植物学家。

hirta 具硬毛的。指本种全株被粗刺毛。

966. ***Ruellia brittoniana* 爵床科 芦莉草属 蓝花草（翠芦莉）**

Ruellia 法兰西国王法兰西斯一世（Francis I）的医生、草药学家 Jean Ruelle，也是公元 1 世纪希腊的医生和植物学家佩达纽斯·迪奥斯科里季斯（Dioscorides）一些著作的翻译者。佩达纽斯·迪奥斯科里季斯是古希腊一位医生和博物学家。他搜集了当时所有的药用草本植物以及治疗方法，写出了一本名为《希腊药典》的书（共 5 卷）。书中记载了 600 种草药，其中大约五分之一在今天仍然被认为有治疗作用。迪奥斯科里季斯在草药研究方面的绝对权威地位保持达 1500 年之久。他的《希腊药典》一书在 1665 年被译成英文等多种文字。

brittoniana 美国植物学家和分类学家、植物采集人 Nathaniel Lord Britton（1859—1934）。

967. ***Rumex acetosella* 蓼科 酸模属 小酸模**

Rumex 即 rumicis，本属植物的古拉丁语名字。在 Pliny 的著作中原指的是酢酱草。

acetosella 有酸味的、微酸的。

968. ***Sabina chinensis* cv.** Kaizuca **柏科　圆柏属　龙柏**

Sabina 意大利地名 Sabine（也是意大利一条河的名字）。指该属模式种的产地。

chinensis 中国的。

Kaizuca 日本大阪府西南部贝冢市。

969. ***Sabina chinensis* 柏科　圆柏属　圆柏（桧、刺柏、红心柏、珍珠柏）**

Sabina 同前。

chinensis 中国的。

970. ***Sabina przewalskii* 柏科　圆柏属　祁连圆柏（陇东圆柏、蒙古圆柏、柴达木桧、柴达木圆柏）**

Sabina 同前。

przewalskii 沙俄反动军官普尔热瓦尔斯基 N. M. Przewalski。因对中国西北地区的动植物考察而出名。普尔热瓦尔斯基是波兰裔的沙俄军官，于 1870—1885 年四次来中国采集动植物标本，曾采集普氏原羚、普氏野马的标本，也曾帮助过俄罗斯与英法争夺西藏。他一直全副武装采集标本，残忍野蛮，打死过数十个藏人。

971. ***Sabina vulgaris* 柏科　圆柏属　叉子圆柏（新疆圆柏、天山圆柏、双子柏、砂地柏、爬柏、臭柏）**

Sabina 同前。

vulgaris 普通的、常见的。

972. ***Saccharum officinarum* 禾本科　甘蔗属　甘蔗（薯蔗、糖蔗、黄皮果蔗）**

Saccharum 甘蔗。在后期古印度语中，甘蔗的拼写为 Sakkara，当阿拉伯人通过波斯将甘蔗从印度引入中东时，甘蔗一词的拼写变成了 Sakkar 或 Sukkar。当希腊人从小亚细亚引进甘蔗时，则写成了古希腊语中的 Sakchar 或 Sakcharon。后来，罗马人采用希腊语的甘

蔗一词，写成了 Saccharum。林奈于 1753 年定名。

officinarum 医务室的、药房的。指本种可用作传统医药，既可外用、又可内服。

973. ***Sageretia thea* 鼠李科　雀梅藤属　雀梅藤（刺冻绿、对节刺、碎米子、对角刺、酸味、酸铜子、酸色子）**

Sageretia 法国植物学家 A. Sageret（1763—1851）。

thea 中国名字“茶”的音译。指本种的叶可代茶饮用。

974. ***Sagittaria trifolia* 泽泻科　慈姑属　野慈姑（慈姑）**

Sagittaria 箭头状的、箭头的、箭头形的。

trifolia 三叶的。tri-，三；folia，叶。指本种的箭形挺水叶看上去像三片叶子。

975. ***Salix babylonica* 杨柳科　柳属　垂柳（水柳、垂丝柳、清明柳）**

Salix 拉丁语 salix，意为“柳”。另一说：拉丁语 salix，意为“水”，源于古梵文。指该属植物喜生于水边或湿地。

S

babylonica 巴比伦的。即伊拉克境内的巴比伦河，其实就是纵贯巴比伦城的幼发拉底河。此河流经阿瓦士、阿巴丹，现与底格里斯河汇成阿拉伯河，注入波斯湾。古代巴比伦河流域（谷地）是人类文明的发祥地之一。

976. ***Salix longistamina* 杨柳科　柳属　长蕊柳**

Salix 同前。

longistamina 具长雄蕊的。longi-，长的；stamina，雄蕊。

977. ***Salix matsudana* var. *matsudana* f. *tortuosa* 杨柳科　柳属　龙爪柳**

Salix 同前。

matsudana 日本著名植物学家松田定久。

tortuosa 很缠绕的、很扭曲的、扭曲的。指本变形的枝条扭曲。

978. ***Salix matsudana* var. *matsudana* f. *umbraculifera* 杨柳科**

柳属 馒头柳

Salix 同前。

matsudana 同前。

umbraculifera 伞形的。指该变型的树冠半圆形，如同馒头状，远看呈伞形。

979. ***Salix matsudana* 杨柳科 柳属 旱柳（柳树、河柳、江柳、立柳、直柳）**

Salix 同前。

matsudana 日本著名植物学家松田定久。

980. ***Salsola collina* 藜科 猪毛菜属 猪毛菜（扎蓬棵、刺蓬、三叉明棵、猪毛缨、叉明棵、猴子毛、蓬子菜、乍蓬棵子）**

Salsola 拉丁语 salsus，意为“咸的、盐的”。指该属植物多生于盐碱地上。

S

collina 属小丘的、小丘生的。指本种常生于小土丘之上。

981. ***Salsola passerina* 藜科 猪毛菜属 珍珠猪毛菜（珍珠）**

Salsola 同前。

passerina 源于拉丁语的 passerinus，意为“像麻雀的”。指其果实形状像鸟喙。

982. ***Salvia japonica* 唇形科 鼠尾草属 鼠尾草（山陵翘、乌草、水青、秋丹参、消炎草）**

Salvia 即 salviya，源于拉丁语的 salvere 一词，意为“感觉良好、健康、治愈”，其动词形式与 salus 有关，意为“健康、安宁、繁荣昌盛、拯救”。老普利尼（Pliny the Elder）曾描述过一种被罗马人称作“Salvia”的植物，很可能是该属的模式种（*Salvia officinalis*）。

japonica 日本的。

983. ***Salvia miltiorrhiza* var. *charbonnelii* 唇形科 鼠尾草属**

丹参单叶变种（赤参、逐乌、山参、郁蝉草、木羊乳、奔马草、血参根、野苏子根、烧酒壶根、大红袍、壬参、紫丹参、红根、红根赤参、血参、红丹参、夏丹参、赤丹参、紫参、五风花、阴行草、红根红参、活血根、大叶活血丹）

Salvia 同前。

miltiorrhiza 红赭色的根。miltio-，红赭色；rrhiza，根。

charbonnelii 法国植物学家和医生 Jean Baptiste Charbonnel（1873—1939）。

984. ***Salvia officinalis*** **唇形科　鼠尾草属　撒尔维亚**

Salvia 同前。

officinalis 药用的、可做药的。

985. ***Salvia splendens*** **唇形科　鼠尾草属　一串红（象牙红、西洋红、墙下红、象牙海棠、炮仔花）**

Salvia 同前。

splendens 华丽的、美观的、豪华的、极好的或令人满意的、闪亮的、为众人所推崇的。

S

986. ***Sambucus adnata*** **忍冬科　接骨木属　血满草（接骨药、接骨丹、血管草、接骨木、苛草、红山花、接骨草、珍珠麻）**

Sambucus 拉丁语 sambucus，意为“接骨木”。另一说：拉丁语，来自希腊语的 sambuke，是用接骨木木材制成的一种弦乐器。

adnata 在一起生长的、贴生的、在旁边的。

987. ***Sambucus chinensis*** **忍冬科　接骨木属　接骨草（蒴藋 [zhuó]、陆英）**

Sambucus 同前。

chinensis 中国的。

988. ***Sanchezia nobilis*** **爵床科　黄脉爵床属　黄脉爵床**

Sanchezia 西班牙加的斯皇家学院的植物学教授 José

Sánchez（Joseph Sanchez），曾在皇家马德里植物园学习。
nobilis 高贵的、著名的、重要的、知名的、贵族的。指本种看上去端庄大气。

989. ***Sanguisorba officinalis* 蔷薇科　地榆属　地榆（黄爪香、玉札、山枣子）**

Sanguisorba 能吸收血的。sanguis，血；sorba，吸收。指该属的某些种具有止血效能。

officinalis 药用的。指本种的根可止血药及治疗烧伤、烫伤等。

990. ***Sansevieria trifasciata* 百合科　虎尾兰属　虎尾兰（虎皮兰、千岁兰、虎尾掌、锦兰）**

Sansevieria 意大利伯爵（Count of Chiaromonte）Pietro Antonio Sanseverino（1724—1771）。Petagna 最初将该属定名为 *Sanseverinia*，是为了纪念他的赞助人基亚罗蒙特的 Sanseverino 伯爵。但后来被 Thunberg 不知什么原因改成了 *Sansevieria*，很可能是受到了圣塞韦罗（意大利）王子 Raimondo di Sangro（1710—1771）的名字的影响。“Sanseveria”和“Sanseviera”两个名字都能经常见到，是意大利一个地名的不同拼写。

trifasciata 三带条的。tri-，三；fasciata，条带。指本种叶基生有白绿色相间的横带斑纹。

991. ***Sapindus mukorossi* 无患子科　无患子属　无患子（木患子、油患子、苦患树、黄目树、目浪树、油罗树、洗手果）**

Sapindus 印度肥皂。拉丁语 sapo，肥皂；indus，印度的。

mukorossi 日本语无患子的名称。

992. ***Sapium sebiferum* 大戟科　乌桕属　乌桕（腊子树、桕子树、木子树）**

Sapium 拉丁语，指的是一种松树。另一说：凯尔特语 sap，意为“黏的”。

sebiferum 生（出）脂肪（油）的、具蜡质的。指本种白色之蜡质层（假种皮）溶解后可制作肥皂、蜡烛。

993. ***Saraca dives*** **豆科　无忧花属　中国无忧花（火焰花）**

Saraca 阿拉伯部落名字，曾活动于埃及和幼发拉底河之间。

dives 属于上帝的。

994. ***Sassafras tzumu*** **樟科　檫 [chá] 木属　檫木（檫树、南树、山檫、青檫、桐梓树、梨火哄、梓木、黄楸树、刷木、花楸树、鹅脚板、半风樟）**

Sassafras 法语，檫木属。另一说：拉丁语 saxifraga 或 saxifragus，意为可碎石的，saxum 意为“岩石”，frangere 意为“打碎”。

tzumu 檫木的中国名字音译。

995. ***Saururus chinensis*** **三白草科　三白草属　三白草（塘边藕）**

Saururus 蜥蜴尾巴。源于希腊语的 sauros，意为“蜥蜴”；oura，意为“尾巴”。

chinensis 中国的。

996. ***Saussurea involucrata*** **菊科　风毛菊属　雪莲花（雪莲、荷莲）**

Saussurea 日内瓦 Savoyan 地理学家、气象学家、自然学家、登山运动员和山地探险家 Horace-Bénédict de Saussure（1740—1799）与 Nicolas-Théodore de Saussure（1767—1845）。De Candolle 定名该属。

involucrata 具总苞的。指其花序下有白色叶状大苞片。

997. ***Saussurea laniceps*** **菊科　风毛菊属　绵头雪兔子（绵头雪莲花、麦朵刚拉）**

Saussurea 同前。

laniceps 具绵毛头的。lani-，具绵毛的；ceps，头的。指本种具头状花序，总苞片外被白色或褐色棉毛。

998. ***Saussurea medusa*** **菊科 风毛菊属 水母雪兔子（水母雪莲花、夏古贝）**

Saussurea 同前。

medusa 水母、美杜莎。指本种的外形像水母。

999. ***Saussurea stella*** **菊科 风毛菊属 星状雪兔子（星状风毛菊）**

Saussurea 同前。

stella 星芒状的。指本种叶莲座状，星状排列。

1000. ***Saxifraga stolonifera*** **虎耳草科 虎耳草属 虎耳草（石荷叶、金线吊芙蓉、老虎耳、天荷叶、金丝荷叶、丝棉吊梅、耳朵草、通耳草、天青地红）**

Saxifraga 碎石的、裂岩的。指该属植物可治疗肾结石。

stolonifera 具匍匐茎的、匍匐枝、匍匐菌丝、匍匐茎。

1001. ***Schefflera fengii*** 五加科 **鹅掌柴属 文山鹅掌柴（国楣鹅掌柴）**

S

Schefflera 18 世纪德国医生 J. C. Scheffler。

fengii 冯国楣（1917—2007），我国著名植物学家、园艺学家、昆明植物研究所创建者之一。冯国楣先生在植物分类学研究和植物资源开发利用方面的成就为同行专家所公认。特别是对杜鹃花科、山茶科、五加科、锦葵科的分类等进行过深入的研究，澄清了许多名实混乱的问题，为植物分类和引种驯化奠定了基础。冯国楣先生还长期致力于园林观赏植物研究，在对云南观赏植物资源深入研究的基础上，推动了云南八大名花的遴选。为找到我国珍稀树种——大树杜鹃，他曾三次组织人力、两次亲赴腾冲，深入到原始森林，终于在 1981 年找到了大树杜鹃。冯国楣先生生前曾主编了《中国杜鹃花》1 ～ 3 册、《中国珍稀濒危花卉》、中日文版的《云南杜鹃花》《云南山茶花》等，参编了《中国植物志》《中国花经》等重要专著。在国内外享有

较高声誉。

1002. ***Schefflera macrophylla*** **五加科　鹅掌柴属　大叶鹅掌柴（大叶伞）**

Schefflera 同前。

macrophylla 大叶的。macro-，大的；phylla，叶。

1003. ***Schefflera octophylla*** **五加科　鹅掌柴属　鹅掌柴（鸭母树、鸭脚木）**

Schefflera 同前。

octophylla 八叶的。octo-，八的；phylla，叶。

1004. ***Schefflera shweliensis*** **五加科　鹅掌柴属　瑞丽鹅掌柴**

Schefflera 同前。

shweliensis 瑞丽（云南地名）的。

1005. ***Schima superba*** **山茶科　木荷属　木荷（何树）**

Schima 该属植物的阿拉伯语名字。

superba 华丽的、宏大的、优越的、骄傲的、傲慢的。指本种具美丽的花。

S

1006. ***Schisandra chinensis*** **木兰科　五味子属　五味子（玄及、会及、五梅子、山花椒、壮味、五味、吊榴）**

Schisandra 花药开裂的。希腊语 schizo 或 schis，意为“裂开的”；andra，意为“雄蕊”。指该属植物的花药开裂。

chinensis 中国的。

1007. ***Scirpus validus*** **莎草科　藨 [biāo] 草属　水葱（葱蒲、莞草、蒲苹、水丈葱、冲天草）**

Scirpus 一种像灯心草的植物的古名。

validus 强壮的、旺盛的。指本种具粗壮的匍匐根状茎。

1008. ***Scorzonera albicaulis*** **菊科　鸦葱属　华北鸦葱（笔管草、白茎雅葱）**

Scorzonera 真正来源不清。但人们相信是一种可治疗蛇咬的植物，可用作抗蛇咬的药物。如意大利语中的

"scorzone" 就是黑蛇（*Elaphe longissima*）。

albicaulis 具白色茎的。albi-，白色的；caulis，茎。

1009. ***Scorzonera austriaca* 菊科　鸦葱属　鸦葱**

Scorzonera 同前。

austriaca 奥地利的。

1010. ***Scutellaria baicalensis* 唇形科　黄芩 [qín] 属　黄芩（香水水草）**

Scutellaria 可能来源于法语的 scorzonère，意为"毒蛇之草"（viper's grass）。

baicalensis 贝加尔湖的。

1011. ***Scutellaria indica* 唇形科　黄芩属　韩信草（大力草、烟管草、偏向花、顺经草、调羹草、红叶犁头尖、三合香）**

Scutellaria 皿形的。

S

indica 印度的。

1012. ***Sedum aizoon* 景天科　景天属　费菜（土三七、四季还阳、景天三七、六月淋、收丹皮、石菜兰、九莲花、长生景天、乳毛土三七、多花景天三七、还阳草、金不换、豆包还阳、豆瓣还阳、田三七、六月还阳）**

Sedum 源于 sedo，意为"缓和、减轻、平息、使安静"。指本属的某些种可做药用，能消除或减轻炎症、发火。另一说：源于 sedo，普林尼（Pliny）原指本属某些垫状植物"坐"在岩石上。

aizoon 长生不老的。指本种极强的生命力。

1013. ***Sedum hybridum* 景天科　景天属　杂交景天（杂景天、杂种景天）**

Sedum 同前。

hybridum 杂种。

1014. ***Sedum morganianum* 景天科　景天属　新玉缀（新玉串、维州景天）**

Sedum 同前。

morganianum 驴尾巴。指本种垂吊的茎上长满呈螺旋状紧密排列的叶，形似驴尾巴。

1015. ***Sedum pachyphyllum* 景天科　景天属　乙女心**

Sedum 同前。

pachyphyllum 厚叶的。pachy-，厚的；phyllum，叶。

1016. ***Sedum sarmentosum* 景天科　景天属　垂盆草（豆瓣菜、狗牙瓣、石头菜、佛甲草、爬景天、卧茎景天、火连草、豆瓣子菜、金钱挂、水马齿苋、野马齿苋、匍行景天、狗牙草）**

Sedum 同前。

sarmentosum 具长匍匐茎的。

1017. ***Senecio royleanus* 菊科　千里光属　珠峰千里光（情人泪）**

Senecio 意为"油人"。

royleanus 英国植物学家、植物学图书的插图画家 John Forbes Royle（1798—1858）。其插图的书籍包括《植物学》以及其他一些书籍如《喜马拉雅山脉自然史》等。

S

1018. ***Serissa japonica* 茜草科　白马骨属　六月雪（满天星、白马骨、碎叶冬青）**

Serissa 白马骨（*Serissa foetida*）的印度俗名。

japonica 日本的。

1019. ***Serratula centauroides* 菊科　麻花头属　麻花头（菠叶麻花头、草地麻花头、菠菜帘子）**

Serratula 具细锯齿的。

centauroides 像矢车菊的。*Centaurea*，矢车菊属。

1020. ***Sesamum indicum* 胡麻科　胡麻属　芝麻（胡麻、脂麻、油麻）**

Sesamum 希腊的名医、医药之父希波克拉底（约公元前 460—约公元前 370）所用的名字，源于闪语。

indicum 印度的。

1021. ***Sesbania cannabina*** **豆科　田菁属　田菁（碱青、涝豆）**

Sesbania 印度田菁（*Sesbania sesban*）的阿拉伯名字。

cannabina 像大麻的。*Cannabis*，大麻属。

1022. ***Setaria glauca*** **禾本科　狗尾草属　金色狗尾草**

Setaria 拉丁语 seta，意为"刚毛、毛"。指该属植物具带刺芒的小穗。

glauca 蓝绿色的、蓝灰色的、闪光的、蓝灰色的。指本种与深绿色的狗尾草相比，颜色较浅。

1023. ***Setaria viridis*** **禾本科　狗尾草属　狗尾草（谷莠 [yǒu] 子、莠）**

Setaria 同前。

viridis 绿色。指圆锥花序通常为绿色或褐黄到紫红或紫色。

S

1024. ***Siegesbeckia orientalis*** **菊科　豨莶 [xīxiān] 属　豨莶（虾柑 [gān] 草、粘糊菜）**

Siegesbeckia 俄国植物学家 Johann Georg Siegesbeck。Siegesbeck 是林奈植物分类系统的强烈批评者。因为林奈的分类法以植物的性器官（花）为依据（如器官各部分的位置和组成），就像把雄蕊比作丈夫，把雌蕊比作妻子，他描述的雌雄蕊的关系，比喻大胆，冲突传统世俗，使一些传统学者难以接受。如一种叫作 *Triandria monogynia* 的植物，其属名的意思就像是"三个丈夫分享一个妻子"。这就引起了一些与林奈同时代的世俗传统的学者并不认同这种幽默感，他们甚至把这种命名方式称作"令人憎恨的卖淫行为"（loathsome harlotry），并把林奈称作"植物学的色情作品作者"（botanical pornographer）。俄国学者 J. Siegesbeck 就是持"令人憎恨的卖淫行为"观点的代表人物。Siegesbeck 大骂林奈的性分类系统是"恶

心的卖淫行为”。林奈伤心之余，将浑身黏液、长相丑陋的一种菊科植物所在的属以 Siegesbeck 的名字命名。有人形象地替林奈写道：“看吧，这就是俄国学者 Siegesbeck 的样子”。但人们后来发现，这并不是林奈心胸狭窄而有意为之，而是在两人交恶之前，林奈就已经命名了这个属。

orientalis 东方的。

1025. ***Silene aprica* 石竹科　蝇子草属　女娄菜（王不留行、桃色女娄菜）**

Silene 古希腊哲学家、自然学家泰奥弗拉斯托斯（Theophrastus，约公元前 372—约公元前 287）给另一种蝇子草属植物（Viscaria）的名字。Silenos 是罗马神话中的酒神和植物神巴克科斯（Bacchus）（相当于希腊神话中的狄俄倪索斯）的同伴。

aprica 向阳的、嗜阳的。

S

1026. ***Silene uralensis* 石竹科　蝇子草属　乌拉尔蝇子草**

Silene 同前。

uralensis 乌拉尔的。

1027. ***Sinopodophyllum hexandrum* 小檗科　桃儿七属　桃儿七（鬼臼）**

Sinopodophyllum 中国的鬼臼 [jiù] 属。希腊语 sinai，意为“中国的”；*Podophyllum*，小檗科鬼臼属。

hexandrum 六数花的。hexa-，六；andrum，花、雄蕊。

1028. ***Sloanea sinensis* 杜英科　猴欢喜属　猴欢喜**

Sloanea 爱尔兰内科医生著名收藏家 Hans Sloane 爵士（1660—1753）。Sloane 爵士出生于爱尔兰基利里（Killyleagh），是一名内科医生，更是一名大收藏家，其收藏品来自世界各地。1753 年他去世后遗留下来的个人藏品达 79 575 件，还有大批植物标本及书籍、手稿。根据他的遗嘱，所有藏品都捐赠给国家。这些藏

品最后被交给了英国国会。在通过公众募款筹集到足够的建筑博物馆的资金后，大英博物馆最终于 1759 年 1 月 15 日在伦敦市区附近的蒙塔古大楼（Montague Building）成立并对公众开放。

sinensis 中国的。

1029. ***Smilax china* 百合科　菝葜 [báqiā] 属　菝葜（金刚藤、金刚兜）**

Smilax 古希腊神话中的人物麦莱克斯（Smilax）。俊秀的年轻小伙克罗卡斯（Crocus）在雅典（Athens）附近的森林中遇到了美丽的仙女斯麦莱克斯（Smilax）并爱上了她，但因为他失去耐心而憔悴，最终失恋被变成了藏红花。Smilax 则变成了旋花类的一种植物，也有的说变成了一棵以她的名字命名的杉树。

china 中国的。

S

1030. ***Solandra maxima* 茄科　金杯藤属　金杯藤**

Solandra 瑞典自然学家 Daniel Carlsson Solander 或 Daniel Charles Solander（1733—1782）。Solander 是卡尔·林奈（Carl Linnaeus）的门徒。他是接受过大学教育的科学家中第一个踏上澳大利亚土地的人。

maxima 极大的、最大的。

1031. ***Solanum indicum* 茄科　茄属　刺天茄（苦果、苦天茄、野海椒、颠茄、钉茄、丁茄子、袖扣果、生刺矮瓜、紫花茄、鸡刺子、黄水荞）**

Solanum 词源不清，可能是来源于本属某些种的花看上去像太阳和其光线。而事实上，其中就有一种本属的植物叫作“太阳果”（sunberry）。另一说：solanum 来源于拉丁语的动词 solari，意为“安慰、缓和、使平静、减轻痛苦”。可能是指本属内的一些种可做医药，具有影响心灵的作用。

indicum 印度的。

1032. ***solanum melongena* 茄科　茄属　茄（矮瓜、吊菜子、茄子、落苏、紫茄、白茄）**

solanum 同前。

melongena 茄子。

1033. ***Solanum nigrum* 茄科　茄属　龙葵（野辣虎、野海椒、小苦菜、石海椒、野伞子、野海角、灯龙草、山辣椒、野茄秧、小果果、白花菜、假灯龙草、地泡子、飞天龙、天茄菜）**

Solanum 同前。

nigrum 黑色的。

1034. ***Solanum pseudocapsicum* var. *diflorum* 茄科　茄属　珊瑚豆（玉珊瑚、刺石榴、洋海椒、冬珊瑚）**

Solanum 同前。

pseudocapsicum 假辣椒。pseudo-，假的；*Capsicum*，辣椒属。

diflorum 二花的。di-，二，florum，花。

1035. ***Solanum tuberosum* 茄科　茄属　阳芋（洋芋、土豆、荷兰薯、山药蛋、山药豆、地蛋）**

Solanum 同前。

tuberosum 具块茎的、块茎状的、似块茎的。

1036. ***Solanum verbascifolium* 茄科　茄属　假烟叶树（洗碗叶、野烟叶、土烟叶、臭屎花、袖钮果、大黄叶、酱权树、三权树、大毛叶、臭枇把、天蓬草、毛叶、大发散）**

Solanum 同前。

verbascifolium 像毛蕊花叶的。*Verbascum*，玄参科毛蕊花属。

1037. ***Solidago canadensis* 菊科　一枝黄花属　加拿大一枝黄花（金棒草）**

Solidago 联合者、统一者。指植物可被用作药物。

S

canadensis 加拿大的。指本种原产北美，现为严重的外来入侵物种。

1038. ***Sonchus arvensis*** **菊科　苦苣菜属　苣 [qǔ] 荬菜（荬菜、野苦菜、野苦荬、苦葛麻、苦荬菜、取麻菜、苣菜、曲麻菜）**

Sonchus 古希腊此类植物的名字。

arvensis 在田野的、生于田间或耕地的。

1039. ***Sonchus asper*** **菊科　苦苣菜属　花叶滇苦菜（花叶滇苦菜、断续菊）**

Sonchus 同前。

asper 粗糙的。指本种的茎叶羽状浅裂、半裂或深裂，叶形椭圆形、三角形、宽镰刀形或半圆形，同时全部叶及裂片与抱茎的圆耳边缘有尖齿刺，使得整个植株看上去粗糙而不规则。

S

1040. ***Sophora alopecuroides*** **豆科　槐属　苦豆子**

Sophora 阿拉伯语 sophera，指一种具蝶形花的植物。

alopecuroides 像看麦娘的。*Alopecurus*，看麦娘属。不清楚为什么用这个名字，本种怎么看也没有与看麦娘相像的地方。

1041. ***Sophora davidii*** **豆科　槐属　白刺花（铁马胡烧、狼牙槐、狼牙刺、马蹄针、马鞭采、白刻针）**

Sophora 同前。

davidii 法国传教士 J. P. A. David（1828—1900）。David 中文名叫作谭卫道，生于法国南部。

1042. ***Sophora flavescens*** **豆科　槐属　苦参（地槐、白茎地骨、山槐、野槐）**

Sophora 同前。

flavescens 淡黄色的、变黄色的。

1043. ***Sophora japonica*** **var.** ***japonica*** **f.** ***oligophylla*** **豆科　槐属　五叶槐（槐、守宫槐、槐花木、槐花树、豆槐、**

金药树）

Sophora 同前。

japonica 日本的。

oligophylla 少叶的。oligo-，少的；phylla，叶。

1044. ***Sophora japonica* var. *japonica* f. *pendula* 豆科 槐属 龙爪槐（槐、守宫槐、槐花木、槐花树、豆槐、金药树）**

Sophora 同前。

japonica 日本的。

pendula 下垂的。指本变型的枝条下垂。

1045. ***Sophora japonica* 豆科 槐属 槐（国槐、守宫槐、槐花木、槐花树、豆槐、金药树）**

Sophora 同前。

japonica 日本的。本种原产中国，但林奈用于命名的标本采自日本，于是林奈误以为该种原产于日本，就毫不犹豫地命名为“*japonica*”。事实上，还有很多原产中国的植物，由于各种原因被命名为“*japonica*”或者采用了日本名字。

1046. ***Sophora moorcroftiana* 豆科 槐属 砂生槐（狼牙刺）**

Sophora 同前。

moorcroftiana 19 世纪英国东印度公司的军马司主管人威廉·穆尔克罗夫特 William Moorcroft（藏名为木尔齐喇普）。他曾受英印政府的全权委任在干一种最危险的工作，即对毗邻的那时还是独立的小邦从事调查，探明其政治情况，对其统治者提供英印政府的援助，主要防御与英国竞争的殖民者沙皇俄国相似的开拓行动。

1047. ***Sophora tonkinensis* 豆科 槐属 越南槐（柔枝槐、广豆根）**

Sophora 同前。

tonkinensis 越南东京的，即现今的越南首都河内（英语 Tonkin，越南语 Đông Kinh）。

S

1048. ***Sophora xanthantha*** **豆科　槐属　黄花槐**

Sophora 同前。

xanthantha 黄花的。xanth-，黄色的；antha，花。

1049. ***Sorbaria kirilowii*** **蔷薇科　珍珠梅属　华北珍珠梅（吉氏珍珠梅、珍珠梅）**

Sorbaria 像花楸的。拉丁语，意为“花楸属”；aria，与……相似的。指本属叶像花楸叶。

kirilowii 俄国医生、植物学家和西伯利亚植物采集人 Ivan Petrovich (Johann) Kirilov（1821—1842）。

1050. ***Sorbus aucuparia*** **蔷薇科　花楸属　欧洲花楸**

Sorbus 拉丁语，意为“花楸”，来自凯尔特语。

aucuparia 吸引鸟的、捕鸟的。

1051. ***Sorbus pohuashanensis*** **蔷薇科　花楸属　花楸树（百华花楸、红果臭山槐、绒花树、山槐子、马加木）**

S

Sorbus 同前。

pohuashanensis 普华山的。

1052. ***Sorghum sudanense*** **禾本科　高粱属　苏丹草**

Sorghum 现代拉丁语，源于意大利语的 forgo，意为“高粱”。

sudanense 苏丹（国）的。

1053. ***Sorghum halepense*** **禾本科　高粱属　石茅（亚刺伯高粱、琼生草、詹森草）**

Sorghum 同前。

halepense 叙利亚北部城市阿勒颇 Aleppo 或 Halep。

1054. ***Spartina alterniflora*** **禾本科　米草属　互花米草**

Spartina 希腊语 spartiné，意为“由一种植物西班牙箬帚（*Spartium junceum*）做的（细）绳”。

alterniflora 花交互着生的。alterni-，交互的；flora，花。

1055. ***Spathodea campanulata*** **紫葳科　火焰树属　火焰树（喷泉树、火烧花）**

Spathodea 古希腊语 spathe 和 oida，指其状如佛焰苞的花萼。1787 年由欧洲人在非洲的黄金海岸发现。

campanulata 钟形的。指花冠形状。

1056. ***Spinacia oleracea* 藜科　菠菜属　菠菜（菠薐 [léng]、菠薐菜）**

Spinacia 名字可能来源于拉丁语 spina 或者波斯语 ispanakh（刺）。指本属具刺的果实。

oleracea 蔬食的。可做蔬菜的。

1057. ***Spiraea japonica* 蔷薇科　绣线菊属　粉花绣线菊（日本绣线菊、蚂蟥梢、火烧尖）**

Spiraea 希腊语，speira，意为“被缠绕物、围绕”。意指本属一些植物可做花环。

japonica 日本的。

1058. ***Spiraea pubescens* 蔷薇科　绣线菊属　土庄绣线菊（土庄花、石蒡子、小叶石棒子、蚂蚱腿、柔毛绣线菊）**

Spiraea 同前。

pubescens 拉丁语，意为多毛的、成熟的、被短柔毛的。

1059. ***Spiraea thunbergii* 蔷薇科　绣线菊属　珍珠绣线菊（雪柳、喷雪花、珍珠花）**

Spiraea 同前。

thunbergii 瑞典植物学家 Kar Pehr Thunberg（1743—1822）。

1060. ***Spiraea trilobata* 蔷薇科　绣线菊属　三裂绣线菊（石棒子、硼子、三桠绣球、团叶绣球、三裂叶绣线菊）**

Spiraea 同前。

trilobata 三浅裂的。tri-，三；lobata，浅裂的。指本种的叶三浅裂。

1061. ***Spiranthes sinensis* 兰科　绶草属　绶草**

Spiranthes 扭曲的、扭转的、歪曲的、扭的、缠绕的。指本属总状花序常多少呈螺旋状旋转向上生长。

sinensis 中国的。

1062. ***Spondias pinnata*** **漆树科　槟[bīng]榔青属　槟榔青（木个）**

Spondias 指像李子的果实。古希腊哲学家、自然科学家泰奥弗拉斯托斯（Theophrastus，约公元前372—约公元前287）所用的名字。

pinnata 羽状复叶的。pinnata，羽毛状的。

1063. ***Stachys lanata*** **唇形科　水苏属　绵毛水苏**

Stachys 具有单独一个穗的。

lanata 被棉毛的。指植物全身密被灰白色绒毛。

1064. ***Staphylea pinnata*** **省沽油科　省沽油属　羽叶省沽油**

Staphylea 群、丛、簇、串。普林尼（Pliny）用的名字staphylodendron。指本属植物簇生的花。

pinnata 二回羽状复叶的。bi-，二；pinnata，羽毛状的。

1065. ***Stellaria media*** **石竹科　繁缕属　繁缕（鹅肠菜、鹅耳伸筋、鸡儿肠）**

Stellaria 星芒状的。

media 中间类型的。

1066. ***Stellaria uliginosa*** **石竹科　繁缕属　雀舌草（天蓬草、葶苈子）**

Stellaria 同前。

uliginosa 生长于潮湿或沼泽地的。多沼泽的、泥泞的、湿地的、（动植物）生长于沼泽地的。

1067. ***Stemmacantha uniflora*** **菊科　漏芦属　漏芦（祁州漏卢、大脑袋花、土烟叶、打锣锤、老虎爪、郎头花、狼头花、牛馒土、大口袋花、和尚头）**

Stemmacantha 希腊语stemma或stemmatos，意为“花环、花圈、冠”；akantha，意为“刺”。指植物头状花序上具刺。

uniflora 单花的。

1068. ***Stephania kwangsiensis*** **防己科　千金藤属　广西地不容**

Stephania 冠状的。希腊语，意为“一顶王冠、一个花冠”。指该属植物的花药以王冠的样式排列。

kwangsiensis 广西的。

1069. ***Sterculia lanceolata*** **梧桐科　苹婆属　假苹婆（鸡冠木、赛苹婆）**

Sterculia 古罗马神话中的斯忒耳枯利乌斯 Sterquilinus，掌管厕所的神——粪便之神，负责监管田野中的肥料，也被称作 Stercutus 或 Sterculius。另一说：Sterquilinus 一词来自拉丁语 stercus，意为肥料或有机肥料。指该属植物的花多散发难闻气味。

lanceolata 披针形的。指其叶为披针形。

1070. ***Sterculia nobilis*** **梧桐科　苹婆属　苹婆（凤眼果、七姐果）**

Sterculia 同前。

nobilis 高贵的、著名的、重要的、知名的、贵族的。

S

1071. ***Sterculia villosa*** **梧桐科　苹婆属　绒毛苹婆（家麻、白榔皮、榔皮树、色白告）**

Sterculia 同前。

villosa 有绒毛的、像绒毛一样的、长绒毛的、有柔软毛的。指本种的叶上面被稀疏的短柔毛，下面密被黄褐色星状茸毛。

1072. ***Stipa capillata*** **禾本科　针茅属　针茅（锥子草）**

Stipa 短麻屑。希腊人使用该属植物柔软如羽毛状的花序，像使用麻一样来堵缝和堵漏洞。

capillata 毛状的。指两回膝曲的芒光亮而长，在阳光下熠熠闪光，很像长毛。

1073. ***Strelitzia nicolai*** **芭蕉科　鹤望兰属　大鹤望兰（尼可拉鹤望兰、尼古拉鹤望兰、白花鹤望兰、白花天堂鸟、大天堂鸟）**

Strelitzia 英王乔治三世的王后夏洛特，出生于德国的梅克伦堡 - 施特雷利茨（Mecklenburg-Strelitz）大公国。有人把原产南非的奇异花卉鹤望兰的属名定为 *Strelitzia*，用来向她献礼。

nicolai 俄国 Grand Duke Nikolai Nikolajevich 大公（1831—1891）。他是尼古拉一世的第三个儿子，是动物育种专家，同时也是圣彼得堡园艺学会的资助人。

1074. ***Streptolirion volubile* 鸭跖草科　竹叶子属　竹叶子（水百步还魂、大叶竹菜、猪鼻孔、酸猪草、小竹叶菜、笋壳菜、叶上花、小青竹标）**

Streptolirion 源于 streptos，意为“弯曲的”；pous，意为“一只脚”。指本属植物弯曲的花梗。

volubile 缠绕的。指本种为攀援草本。

1075. ***Styrax japonicus* 安息香科　安息香属　野茉莉（耳完桃、君迁子、木桔子、黑茶花、茉莉苞、野花棓、齐墩果）**

S

Styrax 药用安息香（*Styrax officinalis*）的古希腊名字。

japonicus 日本的。

1076. ***Suaeda glauca* 藜科　碱蓬属　碱蓬（狼尾 [yǐ] 巴条、海英菜、碱蒿、盐蒿、盐蓬、碱蒿子、盐蒿子、老虎尾、和尚头、猪尾 [yǐ] 巴）**

Suaeda 原是阿拉伯语中的 Suaeda vera。18 世纪的分类学家 Peter Forsskal 在 16 世纪 60 年代去红海时命名的这个属。

glauca 蓝绿色的、蓝灰色的、闪光的。指本种灰绿色或蓝灰色的叶背。

1077. ***Swertia bimaculata* 龙胆科　獐牙菜属　獐牙菜（大苦草、黑节苦草、黑药黄、走胆草、紫花青叶胆、蓑衣草、双点獐牙菜）**

Swertia 17 世纪荷兰草本学家、花商、块茎植物种植人、作家 Emanuel Swert（Sweert）（1552—1612）。

bimaculata 二斑块的。bi-，二；maculata，斑块。

1078. ***Cornus alba*** **山茱萸科　梾 [lái] 木属　红瑞木（凉子木、红瑞山茱萸）**

Cornus（动物的）角。古拉丁语名字 cornum，指欧洲山茱萸（*Cornus mas*）的浆果。

alba 白色的。指本种果实成熟时乳白色。

1079. ***Cornus walteri*** **山茱萸科　梾木属　毛梾（小六谷、车梁木）**

Cornus 同前。

walteri 19 世纪德国植物学家 Th. Walther。

1080. ***Swietenia mahagoni*** **楝科　桃花心木属　桃花心木（小叶桃花心木、西印度群岛桃花心木、美国红木、古巴红木）**

Swietenia 荷兰裔澳大利亚医生 Gerard van Swieten（1700—1772）。

mahagoni 桃花心木的南美土名。木材是广为人知的优质木材——桃花心木。

1081. ***Syagrus romanzoffiana*** **棕榈科　金山葵属　金山葵（皇后葵、女王椰子、克利巴椰子）**

Syagrus 古希腊传奇口头诗人（oral poet）Syagrus。据说 Syagrus 是荷马的对手，曾先后追随俄耳甫斯（希腊神话中的诗人和歌手，善于弹奏竖琴，是太阳神阿波罗与缪斯女神卡利俄珀之子）和穆赛俄斯。是第一个用叙事诗记述特洛伊战争的人，被认为是后来史诗集的鼻祖。另一说：syagrus，意为“野猪”。在普林尼的著作中，原指一种椰枣。

romanzoffiana 俄国外交大臣 Nikolay Rumyantsev（1754—1826）。他还是俄国著名的航海活动赞助人，曾赞助过俄国的环球航行。

1082. ***Symphoricarpos albus*** **忍冬科　毛核木属　白雪果**

Symphoricarpos 聚合果的。希腊语 symphorein，意为“一起产生（结）果”；karpos，意为“果实”。指本种紧密簇生的浆果。

albus 白色的。

1083. ***Symplocos grandis*** **山矾科　山矾属　大叶山矾**

Symplocos 聚合的。指聚合的雄蕊。

grandis 高大的、丰满的。

1084. ***Symplocos stellaris*** **山矾科　山矾属　老鼠矢**

Symplocos 同前。

stellaris 星形的。指本种的果实多呈星状着生于枝条上。

1085. ***Syneilesis aconitifolia*** **菊科　兔儿伞属　兔儿伞（小鬼伞、铁灯台、龙头七）**

Syneilesis 希腊语 syneilesis，意为“卷翘、综合、朝上翻卷”。指本属植物的叶翻卷。

aconitifolia 乌头叶的。aconiti-，乌头的；*Aconitum*，乌头属；folia，叶。指本种的叶像乌头叶。

1086. ***Syngonium podophyllum*** **天南星科　合果芋属　白蝶合果芋（白蝴蝶）**

Syngonium 联合子房。

podophyllum 有柄的叶。podo-，有柄的；phyllum，叶。

1087. ***Syringa oblata*** **木樨科　丁香属　紫丁香（华北紫丁香、紫丁白）**

Syringa 管状的。希腊语 syrinx，意为“管子（乐器）”。指本属的雄蕊连合成管形。

oblata 扁圆形的。指本种蒴果呈倒卵形或椭圆形到卵形或长圆形。

1088. ***Syringa reticulata*** **var.** ***amurensis*** **木樨科　丁香属　暴马丁香（暴马子、荷花丁香）**

Syringa 同前。

reticulata 网状的。指叶背侧脉显著隆起呈网状。

amurensis 阿穆尔的（即黑龙江流域），指本种的产地。

1089. ***Syringa pekinensis*** **木樨科　丁香属　北京丁香(臭多萝)**

Syringa 同前。

pekinensis 北京的。

1090. ***Syringa tomentella*** **木樨科　丁香属　毛丁香(毛叶丁香)**

Syringa 同前。

tomentella 有毛的、有绒毛的。指本种的叶缘具睫毛，叶上面贴生短柔毛，下面疏被或密被柔毛或短柔毛，沿叶脉被须状柔毛，叶柄被短柔毛或柔毛。

1091. ***Syringa vulgaris* f. *alba*** **木犀科　丁香属　白花欧丁香(欧丁香、洋丁香)**

Syringa 同前。

vulgaris 普通的、常见的。

alba 白色的。

1092. ***Syzygium hancei*** **桃金娘科　蒲桃属　红鳞蒲桃(红车)**

Syzygium 古希腊语 *suzugía*，意为"连接、连在一起"。

hancei 居住在香港的英国人 H. F. Hance。是香港巴豆（*Croton hancei*）的发现者。

1093. ***Syzygium samarangense*** **桃金娘科　蒲桃属　洋蒲桃(莲雾)**

syzygium 同前。

Samarangense 印度尼西亚爪哇岛中北岸港市三宝垄（Semarang）。

1094. ***Tabebuia chrysantha*** **紫葳科　蚁木属　黄钟木(黄花风铃木、黄钟花)**

Tabebuia "蚂蚁"和"木"的合成词。这个词于 1803 年首次在植物学领域使用。当时，António Bernardino Gomes 用这个名字是专指 *Tabebuia uliginosa*（现在是 *Tabebuia cassinoides* 的同物异名）。Tabebuia 是"tacyba bebuya"的缩写，是一个图皮语的名字，意

为“蚂蚁木”。在巴西的土著人中，蚁木属中的一些种都使用类似的名字。Augustin Pyramus de Candolle 于 1838 年首次将 *Tabebuia* 定作属名。其属的模式种为 *Tabebuia uliginosa*。Nathaniel Lord Britton 于 1915 年对该属进行了澄清。Britton 恢复了 Bentham 和 Hooker 于 1876 年关于蚁木属的描述，即包括具有简单叶和掌状复叶的种，而一些类似的种、但具羽状复叶的种则放在了黄钟花属（*Tecoma*）里。

chrysantha 金黄色花的。指本种花为金黄色。

1095. ***Tagetes erecta*** **菊科　万寿菊属　万寿菊（臭芙蓉）**

Tagetes 源于意大利中西部古国伊特鲁里亚的创始先知（Etruscan Tages），传说 Tages 诞生于犁耕之中。很可能指本属植物可通过头一年的种子或留在原地的残余茎杆而很容易获得新株。

erecta 直立的、垂直（竖立）的。

1096. ***Tagetes patula*** **菊科　万寿菊属　孔雀草（小万寿菊、红黄草、西番菊、臭菊花、缎子花）**

Tagetes 同前。

patula 稍开展的、稍伸展的。指本种茎直立，分枝斜向展开。

1097. ***Taiwania cryptomerioides*** **杉科　台湾杉属　台湾杉（台湾松、台杉）**

Taiwania 台湾的。

cryptomerioides 像柳杉的。*Cryptomeria*，柳杉属。

1098. ***Tamarindus indica*** **豆科　酸豆属　酸豆（酸梅、酸角、罗望子）**

Tamarindus 印度枣。源于阿拉伯语，古罗马化的 tamar hindi，意为“印度枣”。中世纪的草本学家和医生们写成 tamar indi，中世纪的拉丁语拼写为 tamarindus，马可·波罗（Marco Polo）则写成

tamarandi。

indica 印度的。

1099. ***Tamarix chinensis* 柽柳科　柽柳属　柽柳（三春柳、西湖杨、观音柳、红筋条、红荆条）**

Tamarix 拉丁语，来自西班牙河名（Tamaris），位于比利牛斯山（法国—西班牙的界山）边。

Chinensis 中国的。

1100. ***Tamarix hispida* 柽柳科　柽柳属　刚毛柽柳（毛红柳）**

Tamarix 同前。

hispida 具粗硬毛的。指本种茎、枝、叶柄及花序上均密生红色长刺毛。

1101. ***Tamarix ramosissima* 柽柳科　柽柳属　多枝柽柳（红柳）**

Tamarix 同前。

ramosissima 多分枝的。拉丁语 ramose，多枝的。

1102. ***Taraxacum kok-saghyz* 菊科　蒲公英属　橡胶草**

Taraxacum 源自波斯语蒲公英的名字 tarashgun。

kok-saghyz 根具胶的。源于俄语的 Kazakh kök-sağız，kök 意为“根或块茎”，saghyz 意为“橡胶或胶”。

1103. ***Taraxacum mongolicum* 菊科　蒲公英属　蒲公英（蒙古蒲公英、黄花地丁、婆婆丁、灯笼草、姑姑英、地丁）**

Taraxacum 同前。

mongolicum 蒙古的。

1104. ***Taraxacum officinale* 菊科　蒲公英属　药用蒲公英**

Taraxacum 同前。

officinale 药用的。

1105. ***Taxus baccata* 红豆杉科　红豆杉属　浆果红豆杉**

Taxus 来自希腊语 taxon，意为“弓”。指其木材可以制弓。

baccata 浆果的。

1106. ***Taxus chinensis*** **红豆杉科　红豆杉属　红豆杉（卷柏、扁柏、红豆树、观音杉）**

Taxus 同前。

chinensis 中国的。

1107. ***Tectona grandis*** **马鞭草科　柚木属　柚木（脂树、紫油木）**

Tectona 源于泰米尔语的名字 tekka，意为“柚木”。

grandis 高大的、丰满的。

1108. ***Tephrosia candida*** **豆科　灰毛豆属　白灰毛豆（短萼灰叶）**

Tephrosia 灰色的。

candida 白衣的、浅色的、苍白的、白皮肤的、灰白色的。

1109. ***Terminalia catappa*** **使君子科　诃 [hē] 子属　榄仁树（山枇杷树）**

Terminalia 顶生的、在茎或枝的顶端。指叶多数集中在枝条的顶端。

catappa 绿皮树（olive-bark tree）在印度次大陆当地土名。

1110. ***Thermopsis lanceolata*** **豆科　野决明属　披针叶野决明（披针叶黄华、牧马豆）**

Termopsis 像羽扇豆的。是 thermos 和 opsis 的合成词。希腊语 termos，意为“羽扇豆、鲁冰花”；opsis，意为“像……的”。

lanceolata 披针形的。

1111. ***Ternstroemia gymnanthera*** **山茶科　厚皮香属　厚皮香（珠木树、猪血柴、水红树、野瑞香）**

Ternstroemia 曾在中国活动过的瑞典牧师和自然学家 Christopher Ternström（1703—1754）。

gymnanthera 裸药的。gymn，裸的，anthera，花药。

1112. ***Tetracentron sinense*** **水青树科　水青树属　水青树**

Tetracentron 四个马刺。指果实上具像马刺的附属物。

sinense 中国的。

1113. ***Tetrastigma planicaule*** **葡萄科　崖爬藤属　扁担藤（扁藤、大芦藤、铁带藤、过江扁龙、扁骨风、腰带藤、羊带风）**

Tetrastigma 四雄蕊的。指该属植物具四个开裂的雄蕊。

planicaule 扁茎的。

1114. ***Teucrium fruticans*** **唇形科　香科科属　灌木香科科（水果蓝、灌丛石蚕）**

Teucrium 据说是指古希腊神话中的透克洛斯(Teucer)，他是河神斯卡曼德洛斯的儿子，第一个特洛亚王。

fruticans 灌木状的。

1115. ***Thalia dealbata*** **竹芋科　再力花属　再力花（水竹芋、水莲蕉、塔利亚）**

Thalia 德国医生 Johannes Thal（1542—1583）。他编写了《哈尔茨山植物志》(哈尔茨山位于德国境内)。

dealbata 被白粉的、变白色的。

1116. ***Thalictrum aquilegifolium* var. *sibiricum*** **毛茛科　唐松草属　唐松草（草黄连、马尾连、黑汉子腿、紫花顿、土黄连）**

Thalictrum 公元 1 世纪希腊的医生和植物学家佩达纽斯·迪奥斯科里季斯（Dioscorides）所用的名字，但他原指的是另一种植物的名字。

aquilegifolium 像耧斗菜叶的。*Aquilegia*，耧斗菜属；folium 叶。

sibiricum 西伯利亚的。

1117. ***Theobroma cacao*** **梧桐科　可可属　可可（可可树）**

Theobroma 希腊语 theos，意为“神”; broma，意为“食物”。指种子可做饮料。

cacao 可可的墨西哥土名。

1118. ***Thevetia peruviana*** **夹竹桃科　黄花夹竹桃属　黄花夹**

竹桃（酒杯花、柳木子、黄花状元竹）

Thevetia 法国旅行家 Andre Thevet（1502—1592），曾到过巴西和圭亚那。

peruviana 产于秘鲁的。

1119. ***Thladiantha dubia*** **葫芦科　赤瓟 [páo] 属　赤瓟（气包、赤包、山屎瓜）**

Thladiantha 太监花。指雌花具有败育的雄蕊。

dubia 有疑问的、不确定的、变化的、危险的。在动植物拉丁语名中，*dubia* 指"有疑问的名字"。

1120. ***Thlaspi arvense*** **十字花科　菥蓂 [xīmì] 属　菥蓂（遏蓝菜、败酱草、犁头草）**

Thlaspi 公元 1 世纪希腊的医生和植物学家佩达纽斯·迪奥斯科里季斯（Dioscorides）原指的是水芹。

arvense 在田野的、生于田间或耕地的。

1121. ***Thymus mongolicus*** **唇形科　百里香属　百里香（地椒、千里香、地椒叶、地角花）**

Thymus 古希腊哲学家、自然学家、植物学家泰奥弗拉斯托斯（Theophrastus，约公元前 372—约公元前 287）称之为 qumoj，原指一种用于献祭的植物。

mongolicus 蒙古的。

1122. ***Tibouchina semidecandra*** **野牡丹科　蒂牡花属　巴西野牡丹（紫花野牡丹、艳紫野牡丹）**

Tibouchina 蒂牡花（tibou）的音译。Tibouchina 是圭亚那语该属很多植物的当地土名。

semidecandra 有一半（即 5 个）雄蕊的。指该种虽有 10 个雄蕊，但其中的 5 个具有黄色花药，而另外 5 个呈半着色的平台状，供传粉者蜂蝶等驻停。

1123. ***Tilia amurensis*** **椴树科　椴树属　紫椴**

Tilia 拉丁语 tilia，意为"椴树"。另一说：拉丁语，来自希腊语的 tilos，意为"纤维"。

amurensis 阿穆尔的（即黑龙江流域）。

1124. ***Tilia mongolica* 椴树科　椴树属　蒙椴（小叶椴、白皮椴、米椴）**

Tilia 同前。

mongolica 蒙古的。

1125. ***Tilia platyphylla* 椴树科　椴树属　欧椴**

Tilia 同前。

platyphylla 宽叶的。platy-，宽的；phylla，叶。

1126. ***Tithonia diversifolia* 菊科　肿柄菊属　肿柄菊（假向日葵、黄斑肿柄菊、墨西哥向日葵、太阳菊、王爷葵、五爪金英）**

Tithonia 希腊神话中的 Tithonus，特洛伊末代国君普里阿摩斯（Priam）的兄弟。

diversifolia 异叶的。diversi，多样的、异的、不同的；folia，叶。

1127. ***Toona ciliata* 楝科　香椿属　红椿（红楝子、赤昨工、双翅香椿）**

Toona 拉丁语，源于本种的印度土名 tun。

ciliata 具睫毛的、具缘毛的。指本种花瓣边缘具睫毛。

1128. ***Toona sinensis* 楝科　香椿属　香椿（椿、春阳树、春甜树、椿芽、毛椿）**

Toona 同前。

sinensis 中国的。

1129. ***Torenia fournieri* 玄参科　蝴蝶草属　兰猪耳**

Torenia 瑞典神职人员 Olaf Toren（1718—1753）。Toren 是一名瑞典供职于东印度公司的神职人员，曾随船航行至中国，其间采集了很多植物标本并带回到瑞典林奈处。林奈因此以 Toren 的名字作为属名，以致谢意。

fournieri 法国植物学家 Eugène Pierre Nicolas Fournier

（1834—1884）。Fournier 是比利时皇家植物学会成员，曾致力于蕨类植物研究。或许因为此人名气很大，所以命名者便以其名作本种之名。

1130. ***Toxicodendron vernicifluum* 漆树科 漆属 漆（干漆、大木漆、小木漆、山漆、植苜、瞎妮子）**

Toxicodendron 希腊语 toxikos，意为“有毒的”，dendron，意为“树木”。指本属植物体有毒。

vernicifluum 产漆的。

1131. ***Trachelospermum jasminoides* 夹竹桃科 络石属 络石（石龙藤、耐冬、白花藤、络石藤、万字茉莉、软筋藤、扒墙虎、石盘藤、过桥风、墙络藤、藤络、骑墙虎、石邦藤、石鲮 [líng]、悬石、云花、云英、云丹、云珠）**

T

Trachelospermum 希腊语 trachelos，意为“颈”，sperma，意为“种子”，字面意思为“颈部种子”。指种子的形状像瓶颈。

jasminoides 像素馨的。*Jasminum,* 素馨属；-oides，“像……的”。

1132. ***Tradescantia ohiensis* 鸭跖草科 紫露草属 紫露草（紫鸭趾草、紫叶草）**

Tradescantia 查尔斯一世的园丁老 John Tradescant（1567—1638）和他的儿子 John Tradescant（1608—1662）。他们父子都是旅行家和收集者。他们的收藏存于牛津大学阿什莫尔博物馆（Ashmolean Museum）的 Tradescant 收藏区（Ark），是该博物馆收藏的基础。

ohiensis 美国俄亥俄州的。

1133. ***Triarrhena sacchariflora* 禾本科 荻 [dí] 属 荻（荻草、荻子、霸土剑）**

Triarrhena 拉丁语 tria，意为“三”；arista，意为“刚毛”；-ata，具有、拥有。

sacchariflora 像甘蔗花的。*Saccharum*，甘蔗属；flora，花。

1134. ***Tribulus terrester* 蒺藜科　蒺藜属　蒺藜（白蒺藜）**

Tribulus 是一个罗马时代的衍生词，原是一种叫作“铁蒺藜”的武器的名字，这种武器布满铁刺，外形非常像该属植物的果实。

terrester 地上的、陆生的。

1135. ***Trifolium repens* 豆科　车轴草属　白车轴草(白三叶、荷兰翘摇)**

Trifolium 具三叶的。tri-，三；folium，叶。

repens 匍匐生的、爬行的。

1136. ***Trigonotis peduncularis* 紫草科　附地菜属　附地菜（地胡椒）**

Trigonotis 具三角形耳的。指该属植物苞片的形状。

peduncularis 有总花梗的、具梗的。

1137. ***Tripleurospermum maritimum* 菊科　三肋果属　盐生三肋果**

Tripleurospermum 三肋种子。指该属植物的瘦果具三条肋。

maritimum 海洋的、生于岸边的、滨海生的、盐生的。

1138. ***Triticum aestivum* 禾本科　小麦属　普通小麦**

Triticum“脱粒（threshing grain）”的古语说法。

aestivum 开花、成熟或在夏季发育。

1139. ***Tropaeolum majus* 旱金莲科　金莲花属　旱金莲（荷叶七、旱莲花）**

Tropaeolum 胜利之碑（杆）。林奈在他的著作《植物种志》中使用的名字，是旱金莲科（*Tropaeolaceae*）中的唯一的一属。林奈选用这个名字作为属名是因为该植物提醒他一个古老的习俗（传统）：在古罗马人取得战斗的胜利后，罗马人会立起一个胜利标杆（纪

念碑，叫作 tropaeum，来自希腊语的 tropaion，也是英语胜利 trophy 一词的来源），将被征服的敌人的盔甲或武器挂在上面以示庆祝。该属植物大而圆的叶子提醒林奈“盾牌”，而盛开的花则像是一个带血的头盔。

majus 大的。

1140. ***Tsoongiodendron odorum* 木兰科　观光木属　观光木（香花木、香木楠、宿轴木兰）**

Tsoongiodendron Tsoongio，中国植物学家钟观光；dendron，木的。陈焕镛于 1963 年命名。

odorum 具甜香气味的。指本种花芳香。

1141. ***Tsuga chinensis* 松科　铁杉属　铁杉（假花板、仙柏、铁林刺、刺柏、拇栂 [méi]、展栂）**

T

Tsuga 铁杉的日语名字，特指日本铁杉（*Tsuga sieboldii*）。

chinensis 中国的。

1142. ***Tulipa gesneriana* 百合科　郁金香属　郁金香（洋荷花、草麝香、郁香、荷兰花）**

Tulipa 源于 tulip，英语拼法为 tulipa 或 tulipant，后成为现代拉丁语的 tulīpa。tulip 大约于 1554 年前后首次出现在西欧，这个词应该是来自外交官 Ogier Ghiselin de Busbecq 的《土耳其信件》中。最早可能来源于波斯语的 Turban（即伊斯兰教徒的包头巾）。因为这个属植物花的形状看上去很像这种包头巾。但这可能是个错误的解释，因为在奥斯曼帝国时期，人们在包头巾上插郁金香花是一种时尚。于是后来的翻译者可能认为其是指包头巾，而忽略了包头巾上面的郁金香花。

gesneriana 瑞士苏黎世的植物学家 Conrad Gesner（1516—1565）。

1143. ***Tussilago farfara* 菊科　款冬属　款冬（款冬花、冬花、虎须、九尽草）**

Tussilago 指其花蕾及叶可入药，有止咳、润肺、化痰之功效。

farfara 具粉状表面的。普林尼（Pliny）用 *farfara* 原指的是雏菊科蜂斗叶属植物。

1144. ***Typha angustifolia* 香蒲科　香蒲属　水烛（蒲草、水蜡烛、狭叶香蒲）**

Typha 水烛的希腊名字。实际上，古希腊哲学家、自然科学家泰奥弗拉斯托斯（Theophrastus，约公元前372—约公元前287）原指的是其他植物。

angustifolia 狭叶的。angusti-，狭窄的，folia，叶。

1145. ***Ulmus davidiana* var. *japonica* 榆科　榆属　春榆（日本榆、白皮榆、光叶春榆、栓皮春榆、蜡条榆、红榆、山榆）**

U

Ulmus 拉丁语 ulmus，意为“榆树”。

davidiana 法国传教士 J. P. A. David（1828—1900）。David 中文名叫作谭卫道，生于法国南部。1862 年，他被教会选中，派遣到中国传教。1862—1866 年间，他在中国华北地区采集动植物标本，曾远达内蒙古阿拉善地区。一生采集了四不像（法国动物学家 A. Milne-Edwards 以谭卫道的姓氏将该种命名为 *Elaphurus davidianus*）、大熊猫 [（同样是 A. Milne-Edwards 将其命名为 *Ailuropoda*（具有熊脚的）*melanoleuca*（黑白色的）]、珙桐（H. E. Baillon 将其命名为 *Davidia involucrata*）。法国巴黎自然史博物馆的佛朗谢（A. Franchet）命名了近 2 000 种中国植物，这些植物多由 3 个法国天主教神甫（谭卫道 J. P. A. David、赖神甫 P. J. M. Delavay 和法尔日 P. Farges）采集。

japonica 日本的。

1146. ***Ulmus pumila* 榆科　榆属　榆树（榆、白榆、家榆、钻天榆、钱榆、长叶家榆、黄药家榆）**

Ulmus 同前。

pumila 矮小的。指本种很难像经常与其伴生的杨柳那样高大。

1147. ***Urophysa rockii*** **毛茛科　尾囊草属　距瓣尾囊草（江油距瓣尾囊草）**

Urophysa 尾叶的（tail-leaved）。

rockii 美国植物猎人 Joseph F. C. Rock。1920 年，Rock 来到中国的云南，成为一个知名的"植物猎人"。Rock 是奥地利人，1884 年生于维也纳，1913 年获美国籍。1920 年他到缅甸、泰国、印度采集大风子标本，其间多次进入中国境内。1922 年，他在云南采集标本一年，后在美国《国家地理》的资助下，到过中国的藏川甘青等地。后曾在中国的丽江定居 27 年。

1148. ***Utricularia vulgaris*** **狸藻科　狸藻属　狸藻（闸草）**

Utricularia 瓶状物。源于拉丁语的 utriculus，是一个有很多含义的词，但最常见的含义是"酒瓶"或"皮袋子"。这个属的很多水生种类都具有又大又明显的囊状物（水泡），这些囊状物在被发现食肉的特性之前，一直被认为是植物的漂浮装置（作为水生植物，人们很容易将其视为漂浮装置）。

vulgaris 普通的、平常的。

1149. ***Vaccaria segetalis*** **石竹科　麦蓝菜属　麦蓝菜（王不留行、麦蓝子）**

Vaccaria 牛饲料。由 vacca（一种牛）而来的一个古老的属名，vacca 又源于原始印欧语的 wokeha。

segetalis 生于田间的、属于田间的。

1150. ***Vaccinium vitis-idaea*** **杜鹃花科　越橘属　越橘（温普、红豆、牙疙瘩）**

Vaccinium 一种植物的古典拉丁语名字，可能是越橘（bilberry）或风信子（hyacinth）。可能来源于拉丁语

的 bacca（浆果）。

vitis-idaea 源于拉丁语的 vitis，意为“藤”；idaea，意为“山梅”，指像“悬钩子属的山梅（*Rubus idaeus*）”。

1151. ***Verbena bonariensis* 马鞭草科　马鞭草属　柳叶马鞭草（南美马鞭草、长茎马鞭草）**

Verbena 拉丁语，指的是一种对罗马人来说神圣的植物。古罗马作家老普林尼（Pliny the Elder，23—79）在他的《博物史》（*Natural History*）中记述道：“非洲多神奇部众，有尼格罗者（Nigroe），王只一目。有塞纳默吉者（Cynamolgi），颇作犬形。有阿塔巴提泰者（Artabatitae），四足而行”。老普林尼曾描述该属植物被用在朱庇特神（罗马神话中的主神，掌管天界）的圣餐桌（供桌或祭坛）上，但人们并不完全清楚，使用的到底是这种植物还是其他的草本植物。

bonariensis 阿根廷的布宜诺斯艾利斯（Buenos Aires）。其他说法：加勒比海岛名 Bonaire，是加勒比海中的背风安的列斯群岛；或者 Bonari，是伊朗的一个地名。

1152. ***Verbena hybrida* 马鞭草科　马鞭草属　美女樱（草五色梅、铺地马鞭草、铺地锦、四季绣球、美人樱）**

Verbena 同前。

hybrida 杂交的。

1153. ***Vernicia fordii* 大戟科　油桐属　油桐（桐油树、桐子树、罂子桐、荏桐）**

Vernicia 拉丁语 vernicis，意为“漆”。指种子可榨取桐油。

fordii 香港植物园主管、英国人 Charles Ford（1844—1927）。

1154. ***Veronica persica* 玄参科　婆婆纳属　阿拉伯婆婆纳（波斯婆婆纳）**

Veronica 同前。

V

persica 波斯的（现伊朗的）。

1155. ***Veronica spuria*** **玄参科　婆婆纳属　轮叶婆婆纳（草本威灵仙）**

Veronica 同前。

spuria 假的、可疑的、伪造的、欺骗性的、谬误的、仿制品、伪造物。

1156. ***Veronicastrum sibiricum*** **玄参科　腹水草属　草本威灵仙（轮叶婆婆纳）**

V

Veronicastrum 似婆婆纳的。*Veronica*，婆婆纳属。

sibiricum 西伯利亚的。

1157. ***Viburnum dilatatum*** **忍冬科　荚蒾 [jiámí] 属　荚蒾（檕 [jì] 迷）**

Viburnum 拉丁语 viburnum，一种荚蒾的名字。

dilatatum 扩张的、张开的、扩大的、膨大的、铺散的、加宽的。

1158. ***Viburnum odoratissimum*** **忍冬科　荚蒾属　珊瑚树(极香荚蒾、早禾树）**

Viburnum 同前。

odoratissimum 极香的。odor，香的、味道浓的；atissimum，极、最，指本种花芳香。

1159. ***Viburnum opulus*** **忍冬科　荚蒾属　欧洲荚蒾（欧洲琼花、雪球）**

Viburnum 同前。

opulus 为一种槭树的名字。可能指其叶像槭树叶。

1160. ***Vicia amurensis*** **豆科　野豌豆属　黑龙江野豌豆（圆叶草藤、大巢菜）**

Vicia 很可能来源于原始印欧语（据信为所有印欧语言之源头），意为“弯曲、使弯曲、使弯转”。指本属的藤本缠绕特性。

amurensis 阿穆尔（即黑龙江流域）的。

1161. ***Vicia faba* 豆科　野豌豆属　蚕豆（南豆、胡豆、竖豆、佛豆）**

Vicia 同前。

faba 珠子、小球、小丸、像豆子的。指本种大而圆的种子。

1162. ***Vicia sepium* 豆科　野豌豆属　野豌豆（滇野豌豆）**

Vicia 同前。

sepium 篱笆的。指本种的攀援特性，使整个植株呈篱笆状。

1163. ***Victoria amazonica* 睡莲科　王莲属　王莲**

Victoria 维多利亚、胜利的。英女王维多利亚在位64年，有人把原产亚马孙流域的王莲属命名为Victoria。

amazonica 亚马孙（河）的。

1164. ***Vigna radiata* 豆科　豇豆属　绿豆（青小豆、菉[lù]豆、植豆）**

Vigna 意大利17世纪比萨植物园（Orto botanico di Pisa）的植物学家和医生Domenico Vigna（？—1647）。

radiata 鳍刺的、放射的、辐射状的。指本种往往多个荚果簇生在一起，呈放射状排列。

1165. ***Vigna unguiculata* 豆科　豇豆属　豇豆（角豆、姜豆、带豆）**

Vigna 同前。

unguiculata 有爪的、花瓣有爪状底部的。

1166. ***Vinca major* cv. Variegata 夹竹桃科　蔓长春花属　花叶蔓长春花（金边小蔓、花叶长春花、蔓长春花、攀缠长春花）**

Vinca 拉丁语vincire，意为“束缚、捆绑”。指本种为蔓性半灌木，茎偃卧。

major 大的、更大的。

Variegata 杂色的、具彩斑的、多变的、具不同颜色的。

1167. ***Viola odorata* 堇菜科　堇菜属　香堇菜（紫罗兰、香堇）**

Viola 古希腊语 violet，意为“紫色的”。

odorata 具甜香气味的。指本种的花具芳香味。

1168. ***Viola philippica* 堇菜科　堇菜属　紫花地丁（辽堇菜、野堇菜、光瓣堇菜）**

Viola 同前。

W

philippica 菲律宾的。

1169. ***Viola prionantha* 堇菜科　堇菜属　早开堇菜（光瓣堇菜）**

Viola 同前。

prionantha 具齿花的。

1170. ***Viola tricolor* 堇菜科　堇菜属　三色堇（人面花、三色堇菜、蝴蝶花）**

Viola 同前。

tricolor 三色的。tri-，三；color，颜色。

1171. ***Vitex negundo* 马鞭草科　牡荆属　黄荆（五指柑、五指风、布荆）**

Vitex 拉丁语 vitex，意为“贞节树”。vieo，连结。

negundo 为一种植物的马来亚土名，现在指槭树，此处指叶似梣叶槭的。

1172. ***Vitis vinifera* 葡萄科　葡萄属　葡萄**

Vitis 拉丁语，意为“葡萄藤”。

vinifera 产酒的、带酒的。指本种果实常用来酿酒。

1173. ***Waldsteinia ternata* 蔷薇科　林石草属　林石草**

Waldsteinia 奥地利植物学家和作家 Count Franz de Paula Adam Waldstein-Wartenburg（1759—1823）。

ternata 三出的、三数的。指本种的基生叶是三出叶。

1174. ***Wasabia japonica* 十字花科　山葵属　山葵（瓦莎荜[bì]、泽山葵、溪山葵）**

Wasabia 日语ワサビ或わさび，即 wasabi，指芥末，

意为“山葵、辣根”。
japonica 日本的。

1175. ***Wedelia chinensis*** **菊科　蟛蜞[péngqí]菊属　蟛蜞菊（路边菊、马兰草、蟛蜞花、水兰、卤地菊、黄花龙舌草、黄花曲草、鹿舌草、黄花墨菜、龙舌草）**
Wedelia 德国植物学家和医生 Georg Wolfgang Wedel（1645—1721）。
chinensis 中国的。

1176. ***Weigela florida*** **忍冬科　锦带花属　锦带花（锦带、海仙）**
Weigela 德国植物学家 Christian Ehrenfried Weigel（1780—1831）。
florida 多花的、开花的。

1177. ***Wisteria sinensis*** **豆科　紫藤属　紫藤（朱藤、招藤、招豆藤、藤萝）**
Wisteria 美国植物解剖学教授 Casper Wister（1761—1818）。
sinensis 中国的。

1178. ***Xanthium sibiricum*** **菊科　苍耳属　苍耳（葈[xǐ]耳、粘头婆、虱马头、苍耳子、老苍子、野茄子、敝子、道人头、刺八裸、苍浪子、绵苍浪子、羌子裸子、青棘子、抢子、痴头婆、胡苍子、野茄、猪耳、菜耳）**
Xanthium 来自希腊语的 xanthos，意为黄色，因该植物可用来做黄色染料。
sibiricum 西伯利亚的。

1179. ***Xanthium spinosum*** **菊科　苍耳属　刺苍耳（洋苍耳）**
Xanthium 同前。
spinosum 具刺的、多刺的、全身长刺的。

1180. ***Xanthium strumarium*** **菊科　苍耳属　北美苍耳**
Xanthium 同前。

strumarium 凸肿的、瘤状凸起的、甲状腺肿的、腺病的。

1181. ***Xanthoceras sorbifolium*** **无患子科　文冠果属　文冠果（文冠树、木瓜、文冠花、崖木瓜、文光果）**

Xanthoceras 希腊语 xanthos，意为“黄色”；keras，意为“角”。指花盘有直立、圆柱状的角 5 个。另一说：希腊语 xanthos，意为“黄色”；拉丁语 ceras，意为“樱桃树”。

sorbifolium 像花楸叶的。sorbi-，花楸的；*Sorbus*，花楸属；folia，叶。指该植物的叶像花楸的叶。

1182. ***Youngia japonica*** **菊科　黄鹌菜属　黄鹌菜（毛连连、野芥菜福建、黄花枝香草、野青菜、还阳草）**

Youngia 英国爱普生（Epsom）米尔福德地产（Milford estate）的园丁 Youngs（他在那里一直到 1862 年）。

japonica 日本的。

1183. ***Yucca smalliana*** **百合科　丝兰属　丝兰（洋波萝）**

Yucca 西印度的一种植物名 yucca。

smalliana 南非的夸祖鲁 - 纳塔尔省 uKhahlamba Drakensberg 公园最南端的 Cobham 林业站的官员 Bill Small。Small 曾给予在此采集植物标本的 Hilliard 和 Burtt 以极大的帮助。

1184. ***Zamia pumila*** **泽米铁科　泽米铁属　墨西哥铁树（南美铁树、美叶凤尾蕉、凤蕉蕉）**

Zamia 希腊语 azaniae，意为“松球，松果”。

pumila 矮小的、矮生的、低矮的。

1185. ***Zamioculcas zamiifolia*** **天南星科　雪芋属　金钱树（铁雪芋）**

Zamioculcas 来源有两个说法：一说是它的叶看上去很像泽米铁科的植物泽米铁（*Zamia*）。另一个说法是它因起源或外表相似而与芋属（*Colocasia*）产生的亲缘关系（所以该属还有个同属异名为“*Culcas*”）。

zamiifolia 泽米铁叶的。*Zamia*，泽米铁属；folia，叶。

1186. ***Zantedeschia aethiopica*** **天南星科　马蹄莲属　马蹄莲（慈姑花、水芋、野芋、慈菇花、海芋百合、花芋）**

Zantedeschia 德国植物学家 Kurt Sprengel（1766—1833）为了纪念意大利植物学家 Giovanni Zantedeschi（1773—1846）而定名。

aethiopica 埃塞俄比亚的，但在植物拉丁语中该词通常指“非洲”，而非埃塞俄比亚，只有少数情况指的是埃塞俄比亚。

1187. ***Zanthoxylum ailanthoides*** **芸香科　花椒属　椿叶花椒（樗 [chū] 叶花椒、满天星、刺椒、食茱萸）**

Zanthoxylum 希腊语 xanthos，意为“黄色”；xylon，意为“木”。指本属植物的木材黄色。

ailanthoides 像臭椿的。*Ailanthus*，臭椿属。指本种的树形和叶都像臭椿。

1188. ***Zanthoxylum bungeanum*** **芸香科　花椒属　花椒（椒、檓 [huǐ]、大椒、秦椒、蜀椒）**

Zanthoxylum 同前。

bungeanum 俄国草本学家、医生 A. von Bunge（1813—1866）。

1189. ***Zanthoxylum nitidum*** **芸香科　花椒属　两面针（钉板刺、入山虎、麻药藤、入地金牛、叶下穿针、红倒钩簕 [lè]、大叶猫爪簕）**

Zanthoxylum 同前。

nitidum 拉丁语，意为“明亮的、鲜亮的、长得好的、光亮的、漂亮的”。指本种成长叶硬革质光亮，顶端凹口处有油点，叶边缘疏浅裂齿齿缝处有油点。

1190. ***Zanthoxylum piperitum*** **芸香科　花椒属　台湾胡椒木（胡椒木）**

Zanthoxylum 同前。

piperitum 胡椒味的、胡椒状的。

1191. ***Zea mays* 禾本科　玉蜀黍属　玉蜀黍（玉米、包谷、珍珠米、苞芦）**

Zea 来源于古希腊的一种作物的名字 zaó（实际上指的是一种小麦，可能是斯佩尔特小麦，即二粒小麦）。

mays 源于西班牙语的 maíz，是根据 Taíno mahiz 而来。指玉米。

1192. ***Zebrina pendula* 鸭跖草科　吊竹梅属　吊竹梅（吊竹兰、斑叶鸭跖草、花叶竹夹菜、红莲）**

Zebrina 有条状斑纹的、如斑马的条纹。

pendula 下垂的。

1193. ***Zenia insignis* 豆科　任豆属　任豆（任木）**

Zenia 源于希腊语，女孩的名字。另一说：zenia 意为"客人、陌生人"。还有另一说：是 xenia 的一种变形，也作为 zena，是希腊语的衍生词。

insignis 奇特的、显著的、显著的、卓越的、异常的、引人注目的。

1194. ***Zephyranthes candida* 石蒜科　葱莲属　葱莲（玉帘、葱兰）**

Zephyranthes 字面意为"西风之花"。源于希腊语的 zéphuros，原意为"一个风之神 Anemoi"，anthos，意为"花"。Zephyrus 是希腊语西风的拟人化，也和降雨有关。指本属植物通常具柔弱的茎。

candida 白衣的、浅色的、苍白的、白皮肤的、灰白色的。

1195. ***Zephyranthes grandiflora* 石蒜科　葱莲属　韭莲（风雨花）**

Zephyranthes 同前。

grandiflora 大花的。grandi-，大的；flora，花。

1196. ***Zingiber officinale* 姜科　姜属　姜（生姜、白姜、川姜）**

Zingiber 梵语词 sringavera，意为"鹿角、角枝"。指

本属植物的根茎（姜）形状似鹿角。

officinale 药用的。

1197. ***Zinnia elegans* 菊科　百日菊属　百日菊（百日草、火毡花、鱼尾菊、节节高、步步登高、步步高）**

Zinnia 德国著名的植物学家 Johann Gottfried Zinn（1727—1759）。该属由 Carl von Linné 定名。

elegans 拉丁语，优美的、漂亮的。

1198. ***Zizania latifolia* 禾本科　菰 [gū] 属　菰（茭白、茭儿菜、茭包、茭笋）**

Zizania 林奈定名时取自古希腊语的 zizanin，本来指的是毒麦一类的杂草（因茭白原产东亚和北美，命名前欧洲人并没有见过这种植物）。

latifolia 宽叶的。lati-，宽的；folia，叶。

1199. ***Ziziphus jujuba* 鼠李科　枣属　枣（枣树、枣子、大枣、红枣树、刺枣、枣子树、贯枣、老鼠屎）**

Ziziphus 希腊语 zizyphon，波斯语 zayzafun，意为“枣”。该属名是一个根据植物命名法规而形成的各种拼写的结合。这个属曾经历了一个有趣的命名史，枣最早的学名 *Rhamnus zizyphus*，是林奈于 1753 年在他的《植物种志》一书中描述的。到了 1768 年，Philip Miller 认为该种与 Rhamnus 的其他种有明显的区别，足以成为一个新属，于是他将该植物命名为 *Ziziphus jujube*，用林奈使用的种名作为该种新名的属名，但可能是不小心弄错了一个字母，将“y”写成了“i”。因此，Miller 用了一个不同的种名，因为种属同名在命名法中是不允许的，但由于 Miller 微小的拼写差别，使得新属中种属结合的名称能够正确使用了，与最早的种名（即林奈所定的名字）*Ziziphus zizyphus* 并不重复，因此在命名法中是允许的。这个新的结合是 Hermann Karsten 于 1882 年确定的。关于枣的学名，Lan 曾写道：

Z

"枣的属名和种加词真的是 *Ziziphus zizyphus* 吗？只是一个字母不同？这太奇妙了"。是的，一个字母不同就足以说明并不是重名，因此它是一个合法的植物名字。

jujuba 源于古法语的 jujube 或中世纪拉丁语 jujuba。

1200. ***Zygocactus truncatus* 仙人掌科　蟹爪兰属　蟹爪兰（圣诞仙人掌、蟹爪莲、锦上添花、螃蟹兰）**

Zygocactus 意为"连结 - 茎 - 仙人掌"。

truncatus 截形的、缩短。指本种叶基常为截形。

主要参考书目：

刘夙．植物名字的故事 [M]. 北京：人民邮电出版社，2013.
郭善基，尹作栋．木本植物拉丁学名基础 [M]. 上海：上海科学技术出版社，1992.
丁广奇．植物种名释 [M]. 北京：科学出版社，1957.

拉丁文索引

A

B

C

D

E

F

G

H

Q

R

T

W

X

Y

Z

中文名索引

A

B

C

D

E

F

J

K

L

N

O

P

R

S

T

W

X

Z

科名索引